U0174598

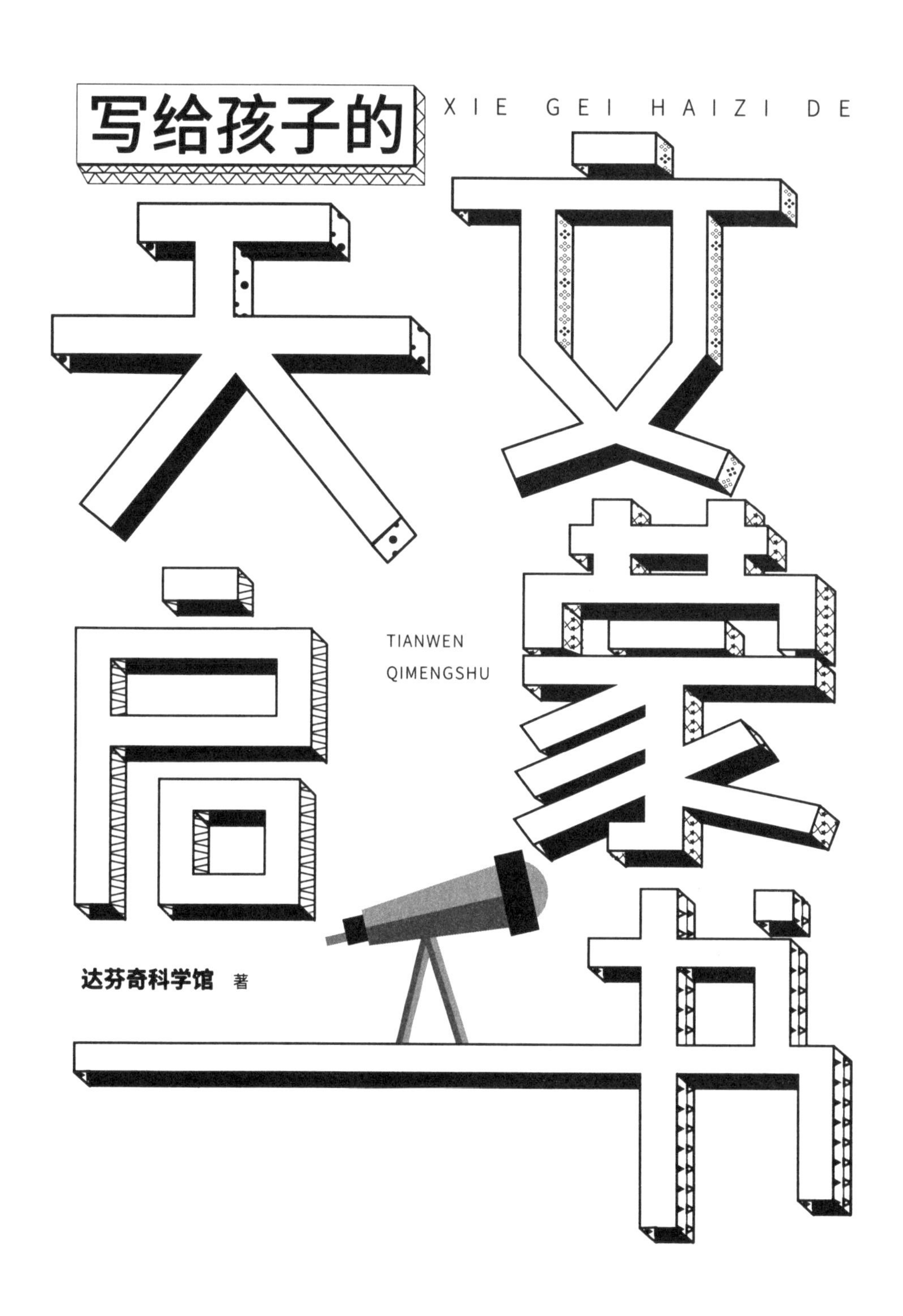

达芬奇科学馆 著

四川科学技术出版社

图书在版编目（CIP）数据

写给孩子的天文启蒙书 / 达芬奇科学馆著. -- 成都:
四川科学技术出版社, 2019.12（2020.7重印）
ISBN 978-7-5364-9684-2

Ⅰ. ①写… Ⅱ. ①达… Ⅲ. ①天文学－青少年读物
Ⅳ. ①P1-49

中国版本图书馆CIP数据核字（2019）第272563号

写给孩子的天文启蒙书

XIE GEI HAIZI DE TIANWEN QIMENGSHU

著　　者　达芬奇科学馆
出 品 人　钱丹凝
策划编辑　花　火　曾柯杰
特约编辑　吴海燕
责任编辑　胡小华
装帧设计　尧丽设计
责任出版　欧晓春
出版发行　四川科学技术出版社
成都市槐树街2号　邮政编码：610031
官方微博：http://e.weibo.com/sckjcbs
官方微信公众号：sckjcbs
传真：028-87734039
成品尺寸　170mm × 240mm
印　　张　14.5　　字数　290千
印　　刷　大厂回族自治县彩虹印刷有限公司
版　　次　2020年3月第 1 版
印　　次　2020年7月第 2 次印刷
定　　价　46.00元

ISBN 978-7-5364-9684-2

邮购：四川省成都市槐树街2号　邮政编码：610031
电话：028-87734035

近日，NASA（美国联邦政府的一个政府机构，负责美国的太空计划）在距离地球31光年外，发现一颗潜在的宜居行星GJ357d。这颗行星有较厚的大气层，它的表面可能含有液态水，因此，可能存在生命，也可能成为未来人类移居的目的地。正如尼尔·德格拉斯·泰森在《给忙碌者的天体物理学》中所说："最近几年，几乎每个星期，都会有一个值得上新闻头条的宇宙新发现。尽管这有可能是媒体把关人对宇宙产生了兴趣，不过这些新闻数量的上升更可能来自公众科学兴趣的真正提升。"同时，热门科幻电影的流行，也激起了人们讨论、了解天文学的兴趣。

天文学研究的对象虽然距离我们很遥远，但是又与我们的生活息息相关。反映季节交替特征的节气，确定年、月、日的时间长度的历法，可以把我们带到任意目的地的导航，我们越来越离不开的Wi-Fi，都来自对天文学的研究。古人常把天文现象与社会事件相联系，例如，把陨石和日食当作不祥的预兆，把金、木、水、火、土五大行星同时出现在夜空当作吉祥的预示。在1995年出土的汉代蜀锦上，有"五星出东方，利中国"的句子，与《汉书》中对五星天象的记载相印证。虽然古人对天文现象的理解没有科学依据，但是，天文事件时刻影响着我们的生活。每当尘埃颗粒坠入大气层，由于摩擦生热而发光，形成流星或者流星雨时，总会有人对着流星划过的夜空许下美好的愿望。太阳的活动周期影响着地球温度的变化。太阳活动偏弱的时期，可能对应地球的“小冰期”，此时期的平均温度比其他时期偏低0.5~1℃。明朝末期就处于小冰期，饥荒频现，加速农民起义的进程。7月25日，一颗小行星与地球擦肩而过，而这件事在前一天才被发现，如果它撞上地球的话，产生的破坏力相当于几十颗在广岛爆炸的原子弹。我们能安然无恙，得感谢小行星的“不撞之恩”。

人们对宇宙产生兴趣，不仅是关注我们自身生存与实际的用处的需要，对未知的探索和理解本身就能带给人们愉悦。我们身处的地球，就像宇宙海洋中的孤岛，我们对宇宙的探索，就像大航海时代对地球、海洋与陆地的探索。如卡尔·萨根在《宇宙》中所述，当旅行者一号在60亿千米外回望地球时，看到黑暗背景的暗淡蓝点如早晨悬浮在太阳光中的尘埃，那就是我们的家园。她承载着我们在宇宙的海洋中流浪，我们所有的故事都发生于此。要想了解已知的宇宙的运行，以及我们在宇宙中的位置，那就让我们一起走进《写给孩子的天文启蒙书》吧！

龙曦博士

2019.8.16

为什么要探索宇宙

1935年，被誉为“航天之父”的康斯坦丁·齐奥尔科夫斯基去世，在他的墓志铭上镌刻着这样一句话：“地球是人类的摇篮，但人类不可能永远被束缚在摇篮里。”

这位航天史上的伟人的话果然应验了。1957年，第一颗人造卫星进入轨道；1961年，尤里·加加林成为第一个进入太空的地球人；1969年，人类第一次登上月球；1973年，“先驱者10号”第一次飞掠木星……

说到这里，可能有人会质问：“我们就连地球都不是很了解，有必要去了解浩瀚的太空吗？”其实不只读者有这个疑问，赞比亚修女玛丽·尤肯达也有类似的疑问。她还给当时在美国宇航局工作的恩斯特·施图林格写了一封信。在信中她生气地问道：“现在地球上还有那么多孩子吃不上饭，你们怎么舍得为远在火星上的一个项目花掉几十亿美元？”

面对修女的质问，恩斯特在回信中首先讲了一个故事：

400年前，在德国一座贫困的小镇上有一个善良的伯爵。有一天，伯爵遇到一个怪人，这个怪人除了白天工作外，晚上还要在家里研磨玻璃片。伯爵感到很奇怪，于是邀请这个怪人到自己家专心研究。听到这个消息后，镇上的人很生气：“我们还在受瘟疫之苦，他却把钱花在那个闲人的无用爱好上。”就是人们口中的“无用爱好”使得显微镜得以发明，从而促进了医学的迅速发展，解决了世上大多数瘟疫问题。

在讲完这个故事后，恩斯特又讲解了探索太空的好处。他说每年约有1 000项太空项目的新技术用于人们的日常生活，如飞机、通信、医疗和天气预报等方面。总之，恩斯特的整封回信都在告诉玛丽这样一个事实：探索宇宙，能让地球变得更美好。

后来，每当人们质问太空探索计划时，美国宇航局都会用这封信进行回应，并且他们还会用不断更新的航天科技的日常应用来打消质疑者的顾虑。这是一种聪明的做法，也是责任所在。

设想一下，如果将来地球无法提供人类需要的生存环境，比如，石油枯竭了，水资源没有了，生态恶化了，人类该如何生存呢？

其实，天文学并没有我们想象的那么遥远，甚至和我们的日常生活息息相关。如果没有天文学，现在可能没有Wi-Fi；如果没有通信卫星，我们就看不了电视；如果没有气象卫星，我们就不能预测天气情况……人类之所以要探索太空，走向宇宙，其实是为了更好地生存。

地球只是太阳系里很小的一个星球，如果从地球上看宇宙，就好像站在一间房子里了解全世界。现在让我们走出地球，放眼宇宙，去学习很多有趣又令人着迷的天文学知识，开启一场了解宇宙的奇幻之旅吧！

目录
CONTENTS

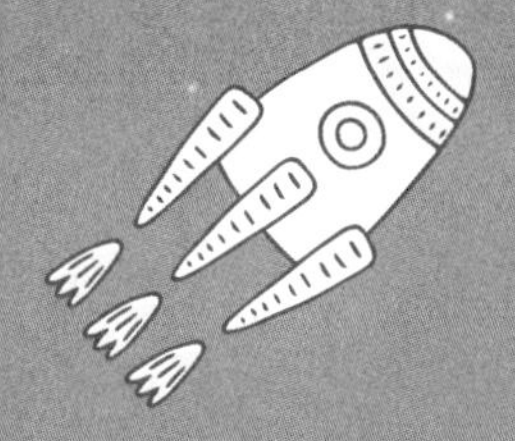

第一部分　我们身边的天文学

奇妙的天文现象

虽然你的课本中有月食、日食现象，但不一定有超级月亮；你很少有机会见到美丽的极光，但是你很有可能是流星雨划过天际短短一瞬的见证者。这些都是奇妙的天文现象，你知道它们是怎么形成的吗？

谁偷吃了月亮

课前阅读

传说古时候有个妇人喜欢做恶事。一次，她做了很多狗肉包子送给和尚们吃。这件事被玉帝知道后，玉帝就把她变成了一只恶狗，贬到地狱做苦力。后来，这只恶狗脱困后一气之下把月亮吃了。人们敲锣打鼓、燃放爆竹，把恶狗吓得一下子又吐出了月亮。可是恶狗不甘心，等人们离开后又跑去吃月亮。这样一次又一次，就形成了天上的“月食”。

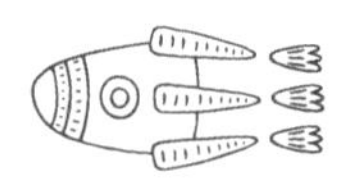

星星博士课堂

在古代，人们一看到月食就认为是天狗吃月亮了。至今，有的地方还保留着敲锣打鼓、燃放爆竹来赶跑天狗的习俗。古代的人们因缺乏天文学知识，把月食误当成天狗吃月亮。其实，月食是一种特殊的天文现象。那么，月食究竟是怎么一回事呢？

月球运行到地球的阴影部分时，即太阳、地球和月球在同一条直线上，此时地球会挡住照射到月球上的太阳光，使得月亮就像消失了一样，这就是“月食”。

我们一起去太空看看月食是怎么形成的吧！因为地球不停地自转，太阳照不到的地方就会留下阴影，就像人的影子一样。图中灰色的部分叫作半影，当月球进入半影时，就会出现“半影月食”，这时月亮只是略微变暗，所以用肉眼是不容易分辨的；当月球一部分进入半影，一部分进入本影时，就会出现“月偏食”，这时的月亮像是被咬掉了一块；当月球移动到本影里，我们就看到了“月全食”，这时的月亮像是一个红铜盘子。在这三种月食中，当属月全食最为好看。

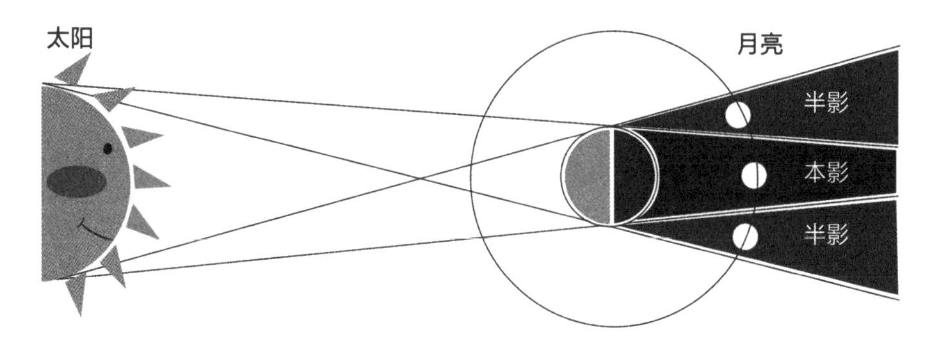

月食形成的原理示意图

月食的出现是有规律的，一年当中出现的次数一般为2~3次，并且通常会出现一次月全食，但是有时一次也不会出现。因为一般情况下，月球不是从地球本影的上方通过，就是从下方通过，很少穿过地球的本影，所以月全食不会轻易出现。

月全食过程图

趣味知识

有时候人们会看到“红月亮”，又叫“血月”。这是因为当太阳光经过地球大气层时，多数色光（橙、黄、绿、蓝、靛、紫）都被过滤掉了，只剩下了红色光线。这些红色光线又投射到躲在地球影子里面的月亮上，于是在发生月食时，我们就看到了暗红色的月亮，即红月亮。

日食是不祥的象征吗

课前阅读

公元前6世纪，在爱琴海东岸的两个部落之间发生了一场残酷的战争。智者泰勒斯预先推演出公元前585年5月28日会发生日全食，他宣布：“上天对这场战争十分厌恶，它要吞噬天上的太阳来警告人类。”到了这一天，当交战双方正打得不可开交时，一个黑影突然把天空中的太阳慢慢地吞掉了。奇异的天象使得大家都相信这是上天发出的警告，于是双方赶紧握手言和。

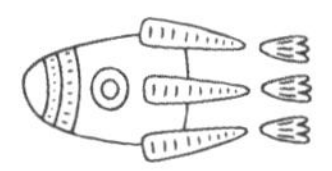

星星博士课堂

智者泰勒斯用天文学知识机智地化解了两个部落之间的战争，足以看出天文学的价值和作用。在古代，人们不了解日食这种天文现象，将它看作不祥的象征或是神的诏谕。现在，人们借助天文学知识，已经解开了日食的重重谜题。

当月球运行到太阳和地球中间时，如果三者正好在一条直线上，月球就会遮挡住太阳照射向地球的光，即月球的黑影正好落到地球上，这时就会发生“日食”现象。

日食和月食的形成原理有相似之处。因为月亮比太阳小很多，并且它运行的轨道并不是一个规规矩矩的正圆；所以有时候月亮看起来比较大，能把太阳遮住，这就形成了“日全食”。有时候太阳看起来比月亮大，月亮只能挡住太阳中间的一部分，在外围留下一圈光环，这就叫“日环食”。当我们在半影区的时候，月亮只能挡住太阳的一部分，太阳好像是被吃掉了一块，这就是“日偏食”。

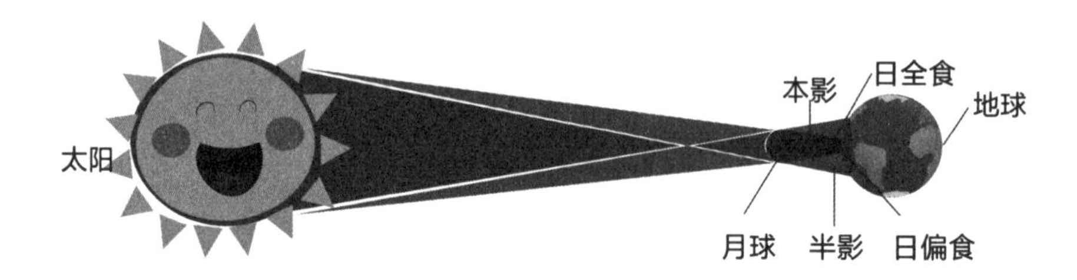

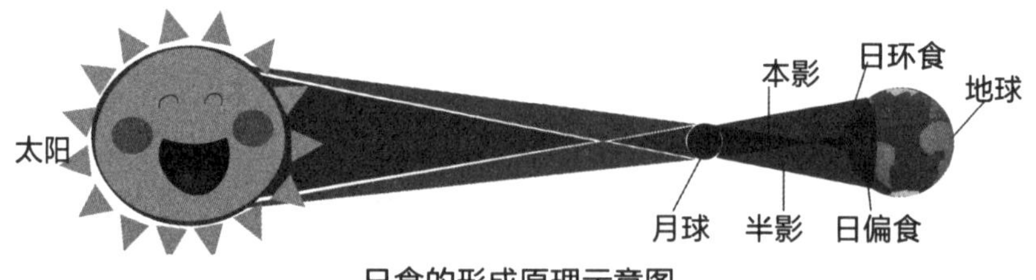

日食的形成原理示意图

你能正确判断下面图片中的三种日食分别属于哪种日食现象吗？

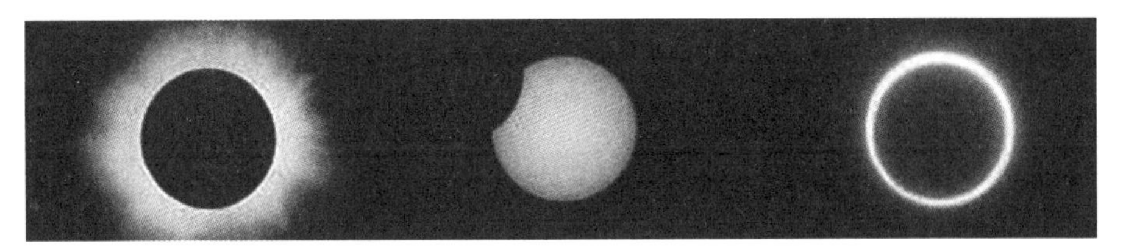

日食过程

趣味知识

观察日全食时，我们会发现太阳先是缺了一块，然后慢慢变成一个月牙形。又过了一会儿，太阳的边缘出现一点光芒，接着太阳圆面上被遮的部分逐渐减少，太阳渐渐恢复了本来的面貌。

为什么星星也会眨眼睛

课前阅读

从前，一个英国诗人创作了一首《一闪一闪小星星》的诗歌。诗人的妹妹还为这首诗歌配了音乐家莫扎特的钢琴曲。后来，这首歌曲跨过陆地、海洋，传到了中国，可是被粗心的翻译工作者搞错了，将歌名翻译成了“一闪一闪亮晶晶”，而且人们觉得原来的歌词既长又不好记，就改了歌词的内容。于是，我们就听到了这首家喻户晓的儿歌——《小星星》。

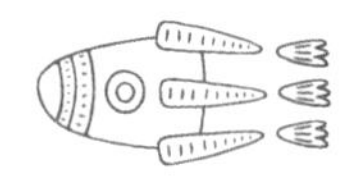

星星博士课堂

《小星星》是大家都十分熟悉的儿歌，当我们轻快地哼起小调，抬头望着夜空时，脑海里会不会有疑问：为什么星星会眨眼睛呢?

让我们先来做一个实验吧。将一根筷子插在水杯中，你会发现：在水与空气的界面上，筷子好像被折成了两截。这是因为水和空气的密度不同，光在通过密度不同的物质时改变了传播方向，形成了光的折射现象，而星星的闪烁就是由光的折射现象造成的。

水杯中看似折断的筷子与光的折射现象

你注意到了吗？夏天灼热的沥青路面上方的空气像流水一样上下翻动，远方的景物模糊不清，不断“抖动”，这也是由光的折射现象造成的。

我们肉眼看到的星星，大多是宇宙中的恒星，它们的光会穿过遥远的宇宙空间到达地球上。我们生活的地球是一个很特别的星球，在它的周围有一层厚厚的大气，这层大气各个地方的疏密不一样。另外，大气本身也

漫天的星星

处于流动状态，冷热空气的不断循环流动，使得空气流动不定，致使各个地方大气的疏密程度也在不断地变化。

当星星的光穿过大气层时需要经过不断地折射，一会儿左，一会儿右，一会儿强，一会儿弱，所以在我们看来就像星星在眨眼睛。

趣味知识

为什么白天几乎看不到星星的踪影呢？其实，星星在白天也是亮着的。只是因为太阳中的一部分光线被地球上的大气散射，把天空照得十分明亮，掩盖住了星星的光芒，所以我们白天才看不到星星。

“超级月亮”是怎么回事

课前阅读

“超级月亮”不仅出现在了夜空中，还出现在了比利时的邮票上。有一年比利时发行了一张邮票，邮票中间是一个大大的月球，一时间很多媒体都被这张邮票吸引了，争相报道“超级月亮”。不过，很多主流的天文学家并不赞同“超级月亮”的说法，因为从科学的角度讲这是不准确的。但是因为“超级月亮”的说法通俗易懂，并且朗朗上口，所以成了人们约定俗成的一种称呼。

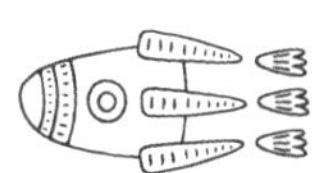

星星博士课堂

事实上，在天文学家的眼里，“超级月亮”的说法是不准确的，他们更喜欢称之为“近地满月”。那么“超级月亮”究竟是怎么一回事呢？

所谓“超级月亮”，是指月亮围绕地球公转，当运行到椭圆轨道的近地点时，由于距离的缩短，月面会比在其他位置上看起来增大一些的天文现象。

我们知道，月球绕地球的轨道是一个近似椭圆的轨道，有近地点和远地点，近地点就是当月球绕地球公转时离地球最近的位置，远地点就是月球绕地球公转时离地球最远的位置。当月球经过近地点时，月亮会比平时我们看到的稍微大一些，但是用肉眼我们很难看出“超级月亮”和其他满月的区别。

说到这里可能有很多小朋友要问了：“可是网络上的月亮确实又大又圆呀，而且月亮比飞机、城堡什么的看起来要大得多。”

人们拍下的“超级月亮”

其实很多图片都是经过特殊处理的，比如，一些摄影师借助一些修图软件让月亮变得夸张，从而增加月亮的魅力。实际上，我们现实中看到的“超级月亮”并没有想象中的那么壮观，毕竟“超级月亮”也不是什么稀奇的天象。

趣味知识

有些人认为由于地球和月球“靠得太近”，当“超级月亮”来临时，月球的引力将会诱发大规模的地震、火山和海啸。实际上，“超级月亮”是一种正常的天文现象，每年平均出现4～6次，而且并没有证据表明“超级月亮”会给地球带来灾难。

对着流星许个愿吧

课前阅读

仔仔和美美正在草地上仰望着灿烂的星空，突然一颗流星划过天空。

“我要赶紧闭上眼睛许个愿。”仔仔说。

“你许了什么愿呀？”美美问。

“这是个秘密哦。”

“哼，小气鬼！”

“哈哈，才不是，因为愿望说出来就不灵了。”

“好吧，那为什么天空中会出现美丽的流星呢？”

仔仔挠挠头，表示不知道。

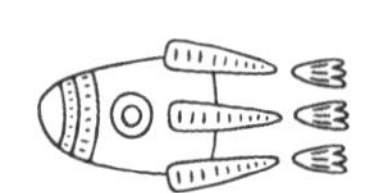

星星博士课堂

你能替仔仔回答这个问题吗？人们通常把流星与美好的愿望相联系，传说中对着流星许愿，愿望就会实现，所以人们认为看到流星就会带来好运气。在中国古代，人们还把流星看作名人逝世的天象昭示，有句话叫“一代巨星陨落”，就是由此而来的。那么，天空中为什么会出现流星呢？流星雨又是怎么回事？

> 外太空的尘埃颗粒等空间物质在闯入地球大气层时与大气摩擦，从而产生大量热量，使得尘埃颗粒等空间物质燃烧发光，这时就形成了流星。

在地球附近的宇宙空间里，存在着大量流星体（通常包含尘埃颗粒和固体块等空间物质），流星体本来在自己的轨道上运动，可是在地球引力的拉扯下可能会偏离自己的轨道冲向地球。在经过大气层时，流星体和大气产生剧烈的摩擦，又因为本身的速度很快，所以一下子燃烧起来，在天空中形成光弧，于是我们就看到了流星。当有着众多流星体的流星群进入地球的大气层时，就形成了壮观的流星雨。

流星雨

流星雨不仅景象壮丽，还有各种各样好听的名字，比如，仙女座流星雨、天琴座流星雨、狮子座流星雨等。这是科学家在观测时，看到流星雨好像是从夜空中的一个点（实则是一块小的区域，但是肉眼看起来像是一个点）迸发而坠落下来，这个点叫作流星雨的辐射点，为了便于确认和记录，就以辐射点所在的星座来命名。

趣味知识

流星在天空中的路线其实是平行的，那么为什么在我们看来却像是从一个点散发出来的呢？原来我们的地球在不断地自转，这就像是坐在开动的汽车上，如果向前看，两旁的树木就像在散开；而向后看，两旁的树木则像在向一个点集中。

自然奇观——极光

课前阅读

欧若拉，古罗马神话里的织架女神，掌管北极光，所以人们称她为“极光女神”。当北极光出现的时候，便是人们充满希望与期盼的时刻。英国著名诗人科尔里奇在他的《老水手之歌》一诗中这样描写极光：“天空高处突然充满生气，一百面火旗的光辉照向大地；它们在太空跳跃飞舞，来也匆匆，去也匆匆；淡淡的星光在其中黯然失色。”

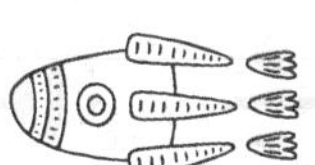

星星博士课堂

在地球的南北两极，当夜幕悄悄降临时，晴朗的夜空中常常会出现一种神秘的现象：一条条五彩斑斓的光带不断变换着形状在天空中飞舞，它们像风一样轻盈，又像一条条彩带一样把夜空点缀得灿烂夺目，让所有的星光都黯然失色。这就是地球上最美丽的天象之一——极光。

极光是地球南北两极附近地区常出现的一种大气发光现象，是自然界最漂亮的奇观之一。极光产生的条件有三个：高能带电粒子、磁场和大气。

太阳不仅每天向太空辐射光和热，同时还发射大量高能带电粒子。在太阳活动剧烈时，大量带电粒子以每秒几百千米的速度吹向地球，这些高能带电粒子撞上地球高层大气后，就产生了壮丽的极光。

美丽的极光

我们的地球存在磁场，高能带电粒子在抵达地球时，大部分会被地球自身的磁场推开，而一部分高能带电粒子会被吸引到南北两个磁极，即位于地球南北两极的位置。磁极上方的磁场像是一个漏斗，这些高能带电粒子可以从漏斗进入地球高层大气，接着这些高能带电粒子与高层大气摩擦，于是就产生了极光。

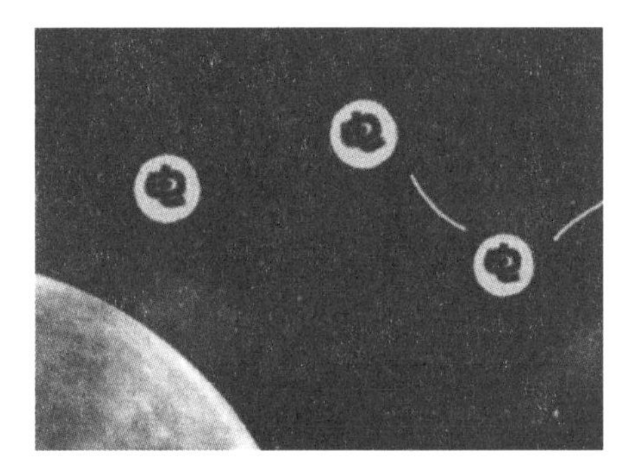

太阳激发高能带电粒子

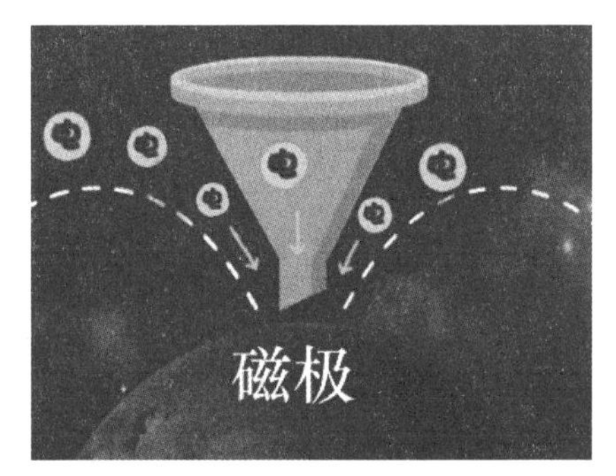

磁场把高能带电粒子吸引到磁极

高能带电粒子与大气摩擦

不过，并非所有地方都能看到极光，一般只有在维度高的地方才有机会看到。在加拿大北部、俄罗斯北部、美国的阿拉斯加地区、丹麦、芬兰、瑞典、挪威和冰岛，都可以看到美丽的极光。在我国最北部的漠河，在太阳活动剧烈的时候也有机会一睹极光的风采。

趣味知识

极光的颜色主要取决于高空中的大气成分。大气的主要成分是氮气和氧气，当氮气和高能带电粒子碰撞时会发出蓝色的光，当氧气和高能带电粒子碰撞时会发出红色或黄绿色的光。极光里面还有我们肉眼看不到的紫外线和无线电波，只能用仪器来探测。

天文学与生活

提到天文学，人们首先想到的或许是复杂的天文数字，也可能是哈勃望远镜或者是伽利略。总之，人们可能认为天文学与我们日常生活毫无关联。其实，我们每个人的生活都和天文学息息相关。

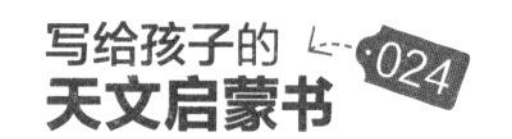

二十四节气

课前阅读

《二十四节气歌》：春雨惊春清谷天，夏满芒夏暑相连。

秋处露秋寒霜降，冬雪雪冬小大寒。每月两节日期定，

最多相差一两天。上半年来六廿一，下半年是八廿三。

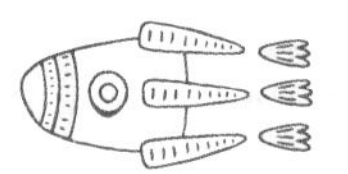

星星博士课堂

《二十四节气歌》是为了便于记忆我国历法中的二十四节气而编写的小诗歌，诗歌中包含了立春、雨水、惊蛰、春分等二十四个节气；而且还告诉我们，上半年节气多在公历的6日、21日，下半年的节气多在公历的8日、23日。

2016年，二十四节气被列入了联合国教科文组织《人类非物质文化遗产代表作名录》。

二十四节气是古代劳动人民智慧和传统文化的结晶，它反映了我国四季交替的气候特征。我们经常听到的各种谚语，比如“谷雨前后，种瓜点豆”“过了惊蛰，春耕不歇”等都与节气密切相关。不仅是农谚，二十四节气还触发了诗人们的灵感，比如，唐代诗人杜牧就写过“清明时节雨纷纷，路上行人欲断魂”这样朗朗上口的诗句。

二十四节气里面很多关于气象的概念，其实属于天文学范畴。如果把黄道（即地球绕太阳公转的轨道）比作一个大圆盘，那么以黄经0°（春分）为起点，沿着圆盘每隔15°确定一个节气，转完360°刚好一年，这样就划分出了二十四节气。

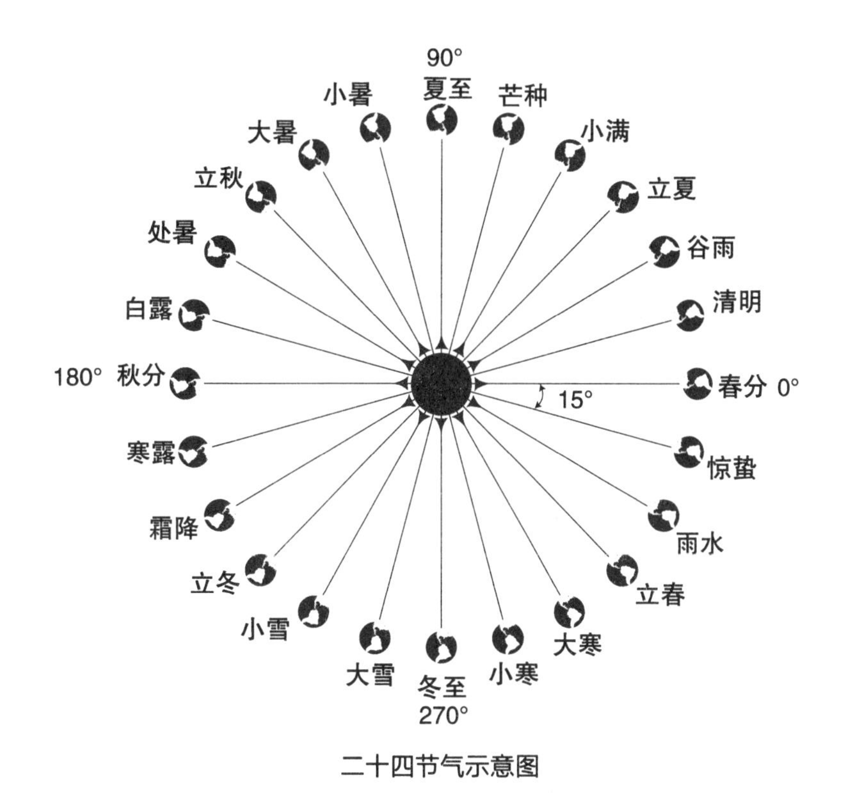

二十四节气示意图

趣味知识

古人是用立竿见影的方法确立了节气，简单来说就是在地上立一根杆子（古人称作“表”），在表的正北方平放一根尺子（古人称作“圭”）。当太阳照射时，人们通过表的影子投射到圭上的长度把一年分为四等份，后来经过反复观测，就划分出了二十四节气。

不能缺少的历法

课前阅读

公元前46年，在希腊数学家、天文学家索西琴尼的帮助下，古罗马的统帅儒略·恺撒制定了一项新的历法——儒略历。在之后的一千多年中，人们一直沿用这种历法。后来，人们发现这种历法有误差，于是到了1582年，当时的罗马教皇格里高利十三世对这部历法进行了修订，人们习惯把它称为“格里历”，而格里历就是一直沿用至今的公历。

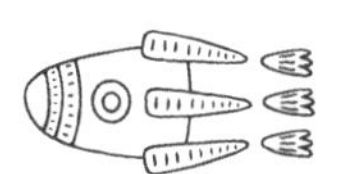

星星博士课堂

设想一下，如果人们突然不知道自己活在什么时间，那些重要的纪念日也不知道是哪一天，该是一件多么可怕的事。在古代，人们发现可以借助天象来确定年、月、日，于是就产生了历法。

所谓历法，是推算年、月、日，并使其与相关天象对应的方法。简单来说就是以太阳或者月亮为参照物，来确定年、月、日的时间长度和它们之间的关系。

世界上许多古老的民族都有着独特的历法体系，人们根据地球绕太阳公转的运动周期创造了太阳历，简称“阳历”，也叫作“公历”。

一回归年，即地球绕太阳公转一周的时间，为365.242 2天，人们为了便于计算，取整数为365天，但是多出来的0.242 2天该怎么办呢？为了消除与实际回归年之间的差距，人们采取了置闰的方法，即以公历年份能被4整除的年份为闰年，闰年有366天，在2月份闰一天，为29日；不能被4整除的年份为365天，也叫“平年”。这样，在400年里，每年的平均长度为365.242 5日，与实际长度相差极小。

你有没有过这样的经历：按照阳历，你的生日明明是5月13日，而外婆却说是三月二十九，原来外婆是按“阴历”算的。那么这里的“阴历”又是怎么回事呢？从字面意思来看，“阴”字的右边是一个“月”字，所以阴历是以月相的变化周期制定的历法，以月球绕行地球1周为1个月，12个月为1年。不过它没有考虑太阳的运动规律，所以有很多缺点。于是我们的祖先就在传统的阴历中加入了阳历，而我们口中所说的阴历其实是阴阳历，也称为“农历”。

农历的年份分为平年和闰年。平年为12个月，闰年多1个月，即13个月，多出来的月份叫闰月。比如，2017年六月过后多出1个闰六月。农历月份分为大月和小月，大月30天，小月29天。人们根据农历日期，既可以知道潮汐涨落，又可以掌握四季的更替变化。

趣味知识

农历三年一闰，五年两闰，十九年七闰。阴历年每年和地球绕太阳一周的时间相比大致差了11天，那么19年就大致差210天，大致为7个月，所以每19年就要补7个闰月的误差。

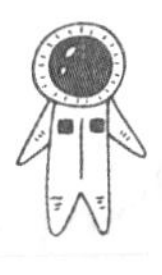

用 GPS 导航去天文馆

课前阅读

假设你现在想去天文馆，而你不知道路线，你会怎么办？当然，你可以购买一份纸质地图，然后再从复杂的路线图中选出最优的乘车方案。如果你有一部智能手机，打开手机中的导航软件，它会自动帮你规划道路；或者打开车载GPS就可以很快到达目的地。你知道我们现在之所以能享受到这样的便利，其实和爱因斯坦的广义相对论有关吗？

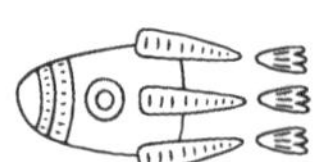

星星博士课堂

对于我们来说，相对论似乎离我们很远，它只会出现在爱因斯坦的故事和有趣的语录里面。大家可能想不到的是，如果没有爱因斯坦的相对论的有关理论，就没有现在我们使用的全球定位系统。

物理学史上的巨人爱因斯坦在对引力的探索过程中提出了广义相对论，它以一种奇特的方式来描述时间、空间以及它们和物质间的相互作用。

广义相对论的概念：时间不是绝对的——运动速度越快，时间过得越慢；越靠近大质量天体，时间走得越慢。

20世纪50年代，物理学家研发出了精度达十亿分之一秒的原子钟。如果把原子钟搭载到飞机上会怎样呢？1971年，搭载着4台原子钟的飞机绕地球飞行了两圈，一圈从东向西，另一圈从西向东。结果发现，原子钟上记录的时间和地面上的时间差了几十和几百纳秒（1纳秒等于10亿分之一秒）。这次实验又一次证明了爱因斯坦的相对论是正确的。

后来，人们在成功发射人造卫星后把原子钟也装到了卫星上，并且人们还发现通过卫星可以确定我们的位置。这是怎么实现的呢？原来当卫星运行在地球上方的近地空间中时会向我们手中的设备发送两个简单的信息——发送信号的时间和卫星所在的位置。因为时间差的存在，我们有必要把相对论的效应也考虑在内，否则定位就不准确。

举一个例子，假设现在有一颗卫星在太空中运行，这时卫星上的时钟比地球上的时钟每天会慢一些；另一方面，广义相对论告诉我们，越靠近地球，时间走得越慢，所以，卫星上的时钟又会比地球上的快一些。两个时间综合一下，就会得到时间差。虽然时间差很小，但是卫星定位的距离会比实际多出很多。

趣味知识

现在世界范围内成熟的导航系统主要有以下四种：美国的全球定位系统（GPS）、俄罗斯格洛纳斯卫星导航系统（GLONASS）、欧洲伽利略卫星导航系统和中国的北斗卫星导航系统。

Wi-Fi 的起源与霍金的黑洞理论

课前阅读

在瑞士日内瓦西部与法国接壤的边境矗立着一座庞然大物——粒子物理学实验室。这座实验室聚集了全球粒子物理圈大半的精英。这座实验室在2015年发布了一项报告，报告列出了六大重要的科学创新，Wi-Fi是其中之一。在报告中还有这么一句让人深省的话："如果没有天文学和霍金，也许就没有Wi-Fi！"

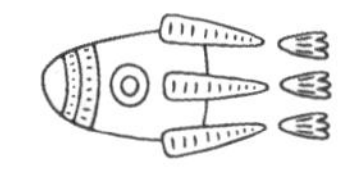

星星博士课堂

你能想象突然没有Wi-Fi的生活吗？这就像是突然停电一样，一下子很多事情都会变得糟糕和烦琐：我们不能无忧无虑地看视频、刷流量；笔记本电脑要想上网必须用网线连接；去麦当劳、肯德基，再也蹭不到免费的Wi-Fi……没有Wi-Fi会给我们的生活带来很多不便，所以我们要感谢Wi-Fi的发明者。你知道Wi-Fi的起源竟然和著名物理学家霍金提出的黑洞理论有关吗？

斯蒂芬·威廉·霍金是英国著名的物理学家，现代最伟大的物理学家之一，他提出的最有名的概念是“黑洞”。

所谓黑洞，是指宇宙空间中一种引力极强的奇异天体。之所以说它“黑”，是因为它像一个无底洞，任何物质一旦掉进去，似乎就再也不能逃脱出来了。不过霍金认为，黑洞并不总是黑的，当它的温度达到极高并开始塌缩时就会产生爆炸，并且向空间发出一种辐射，这种辐射被称为“霍金辐射”。

斯蒂芬·威廉·霍金

当时，毕业于澳大利亚悉尼大学的奥沙利文被霍金的黑洞理论深深地吸引，由此提出了一个测试霍金辐射的计划，并和同事开始测量霍金所说的从爆炸的黑洞发出来的无线脉冲信号。研究小组使用了当时最先进的技术和设备去寻找无线脉冲信号，可是结果令大家很失望，他们在论文中写道：“我们没有找到任何有关黑洞的事件。”在这个过程中，他们却意外地研发出了一种微弱信号识别技术，后来这个技术经过不断地完善和发展，就出现了现在我们熟悉的Wi-Fi。

趣味知识

奥沙利文在天文学和无线技术方面的成就为他赢得了很多头衔，如澳大利亚总理科学奖、欧洲发明家奖等。对于Wi-Fi，几项权威的国际大奖并没有颁发给提出问题的霍金，但有趣的是，背景资料中都特别说明：Wi-Fi来自天文学和霍金。

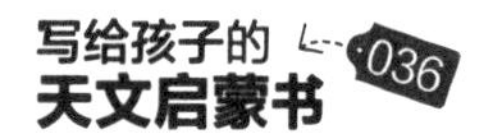

迷路了为什么要看北极星

课前阅读

通常，人们晚上在郊外或者森林里如果迷失了方向，只要认识天上的北极星，就知道哪里是北方。其实这个野外生存指南对海上航行的水手、探险家等也有同样的作用。北极星最靠近正北的方位，千百年前人们就靠它的星光来导航。古人十分信奉北极星，他们认为众星都要围着北极星转，所以北极星是帝王的象征。

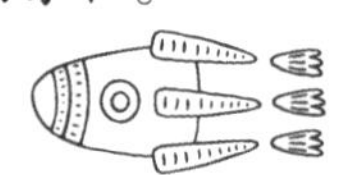

星星博士课堂

北极星像灯塔一样指明方向

因为地球是围绕着地轴进行自转的，而北极星与地轴的北部延长线非常接近，所以夜晚看北极星是几乎不动的。因为北极星在我们的头顶偏北方向，所以它才可以指示北方。虽然一年四季，由于地球绕太阳公转，地轴倾斜的方向也发生变化，但是北极星距地球的距离远远大于地球公转半径，所以地球公转带来的地轴变化可以忽略不计。于是一年四季，我们看到的北极星位置好像都是在正北方不动的，其实这只是我们肉眼观察不到其中的细微变化，觉得地轴一直指向北极星。

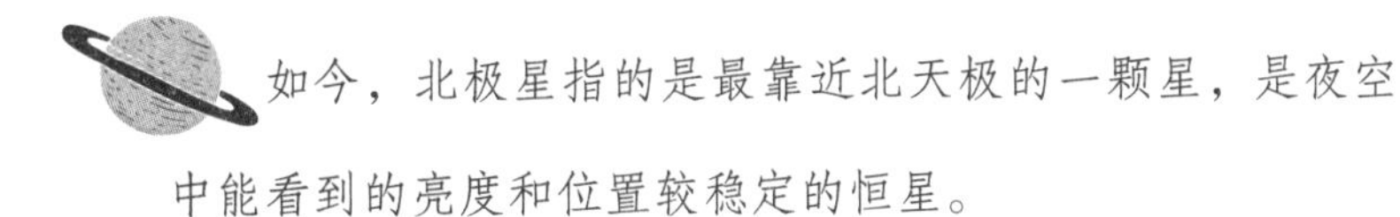

如今，北极星指的是最靠近北天极的一颗星，是夜空中能看到的亮度和位置较稳定的恒星。

有什么方法能快速地找到北极星吗？最简便的办法是在北斗七星前端的天璇和天枢两星之间连一条直线，再向天枢方向延长5倍的距离就是北极星。或者可以先找到仙后星座，仙后星座在秋冬季节的星空中特别显眼，像是一个W形状。找到W的两条边，然后延长到一个焦点，再与仙后星座最中间的恒星连线延长5倍就是北极星的位置。

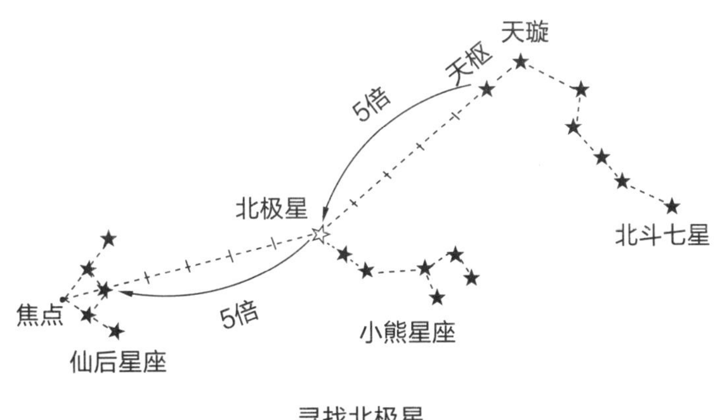

寻找北极星

其实，历史上的北极星有许多颗，只要是处于地轴指向正北方的、最亮的星都可以称为北极星。与北极星相邻的是大名鼎鼎的北斗七星，这也是辨认北极星的重要标志之一。

趣味知识

现在的北极星正慢慢地远离北极点指向。等到12 000年以后，织女星很可能会取代北极星，成为新的北极星。不过，无论是哪颗恒星，都在我们的银河系内，因为银河系外的单个恒星用肉眼是看不见的。

北京时间是哪个天文台测定的

课前阅读

时间对我们有多重要？我们每天要看无数次时间，早晨伴着闹钟按时起床，上下课时铃声按时播报，新闻联播按时播出……如果时间不准确了会发生什么？可能会迟到，会错过好看的电视节目，会错过和别人约定的时间……所以我们需要一个标准时间来辅助我们的生活，这个时间就是“北京时间”。

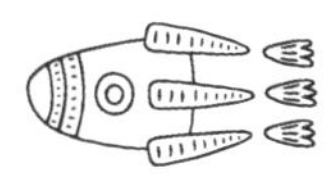

星星博士课堂

我们知道，按照国际上的惯例来说，各国的标准时间一般都是以本国首都所处的时区来确定的。那么，北京时间是北京当地所在时区的时间吗？其实在新闻联播里听到的报时声，不是由北京直接播报的，而是由我国的报时中心——中国科学院国家授时中心（位于陕西临潼）授时给北京天文台，然后再通过中央电视台播放出来的。

中国科学院国家授时中心承担着我国标准时间的产生、保持和发播任务，是国家重大科学工程之一。

中国科学院国家授时中心为什么要设定在陕西临潼呢？首先这个位置距离中国大地原点[①]很近，从这里发出标准时间信号，可以更好地覆盖全国。其次，当地地质结构稳定，发生地震等自然灾害的可能性较小。最后，就是出于战备的考虑了。因为时间是一个国家的基础保障设施，其重要性不言而喻，因此建在内陆会更加安全。

中国科学院国家授时中心

①大地原点，也称为“大地基准点”，是我国的国家地理坐标——经纬度的起算点和基准点。

那么，北京时间准确吗？在2013年的日内瓦国际会议上，权威机构发布了他们对各国长达7年的研究结果，表明北京时间的准确度仅次于美国和俄罗斯，位居世界第三。从2013年以来，北京时间与该权威机构发布的国际标准时间之间的误差始终保持在10纳秒以内，能达到如此准确度的国家，全球不到5个。

趣味知识

北京时间是我国使用的东八时区的区时。

北京处于国际时区划分中的东八区，与世界时相差了8个小时（世界时+8小时=北京时间），因此叫作“北京时间”。

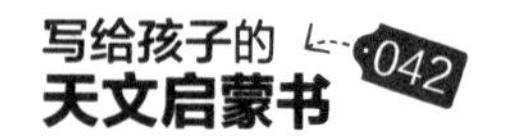

太空中的房子——空间站

课前阅读

在第十二届中国国际航空航天博览会上，一座像房子一样大的庞然大物引起了人们的注意，原来这是中国空间站的重要组件——核心舱。这座“三室两厅且带有储藏间的房子”将在不久的将来被发射到外太空。因为现有的国际空间站已经到了寿终正寝的年纪，到那时，我国的空间站很可能会成为太空中唯一的空间站。

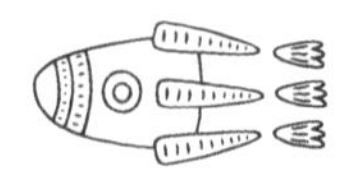

星星博士课堂

在太空中生活，一直是一件难以想象的事，以前只在书里和电影里出现，而现在我们不仅能看到关于空间站的新闻报道，还能看到航天员在空间站的日常生活。那么，世界上第一座空间站是什么时候建立的呢?

在1971年到1986年间，俄罗斯建成了礼炮系列空间站，其中“礼炮1号”成了人类在太空中建立的第一个空间站。后来，美国也加入了建造空间站的行列。

空间站，是一种能在距离地球很近的轨道上长时间运行的载人航天器，既能满足人们去太空旅游的愿望，又能用于科学研究和开发太空资源。

现在的国际空间站是由美国、俄罗斯为首，巴西、加拿大、日本等16个国家参与研制的。国际空间站由100多个组件组成，这些组件分别由这些成员国提供。比如，美国提供太阳能电池板、实验舱、节点舱等，俄罗斯提供内核生活舱，日本提供研究实验舱，加拿大提供一只机械臂。

国际空间站

国际空间站长期停留在太空中，航天飞机会把宇航员和一些物资送到空间站。然后航天飞机返航，宇航员开始在空间站进行科学试验和观测。那么，你了解航天员在太空中的生活吗？我们知道太空中没有氧气，也没有种植食物的土壤，没有水。所以，为了保证宇航员的正常生活，国际空间站必须有提供生命保障的系统。比如，有专门提供氧气的设备，有供宇航员锻炼、休息的地方。

空间站里的生活（一）

空间站里的生活（二）

就像在地球上一样，宇航员在太空中的大部分时间都在工作，有时候他们还会打开舱门，借助机械臂在太空中行走。

趣味知识

因为在失重条件下，水和食物很容易飘散在空中，所以宇航员的食物大都是脱水食物（干食），使用的洗发露是免水洗发露。如果是男宇航员，在刮胡子的时候要十分注意，因为胡渣飞散到空中很可能进入设备和眼睛中。

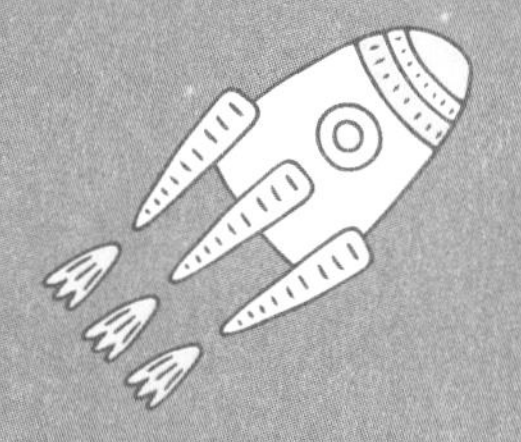

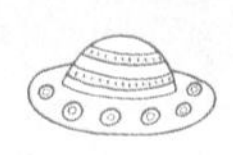

第二部分　太阳系星球联盟

守护我们生命的联盟总部——太阳

太阳虽是宇宙中十分普通的一颗恒星，却是我们的大家庭（太阳系）中的中心天体，周围有许多小天体围着它转。太阳也是我们生命的源泉，如果没有太阳，地球将是一个了无生机的荒凉星球。

万物生长靠太阳

课前阅读

在距离我们14 960万千米的地方，有一个庞大的发光体，它的直径是地球的109倍，质量约是地球的33万倍。据科学考证，这个大块头已经猛烈地燃烧了46亿年。它像一个庞大的发动机一样，不断地向地球输送光和热。可以说，如果没有它，地球仍然是一块大冰坨，不会出现生命。你想更多地了解这个大块头吗?

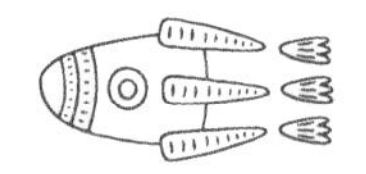

星星博士课堂

太阳是银河系中最耀眼的一颗恒星，周围还有很多小天体围着它转，如行星、矮行星、太阳系小天体等。这些以太阳为中心的天体与太阳一起构成了太阳系。

在太阳系中，太阳属于独特的存在。如果没有太阳，我们不仅会陷入无尽的黑暗之中，而且我们所在的地球上将没有光明，没有生命，没有绿色。即使我们有幸存活下来，看到的也只有满天的星光，根本无法带给我们生存下去的希望。

太阳究竟是什么样子的呢？我们把平时看到的太阳叫作“光球”，光球并不像地球表面那样坚硬，而是有着500千米厚的炙热气体，那里源源不断地散发着巨大的能量。

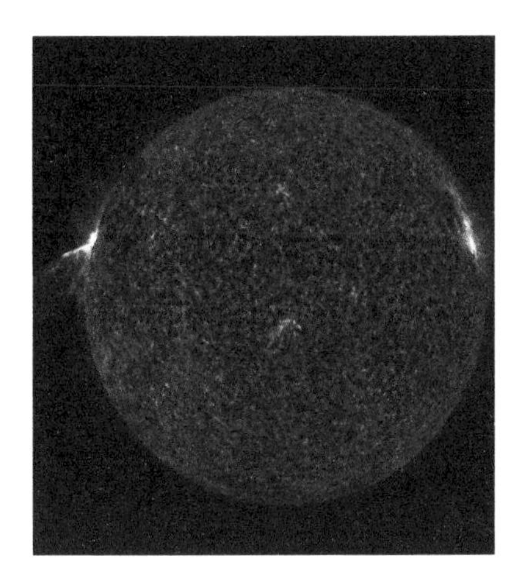

太阳是一颗大火球

太阳的能量中有一半是氢，这些氢可以让太阳足足燃烧大约500亿年，而现在我们的太阳不过46亿岁。

不过太阳的巨大能量并不是来自光球，而是来自深埋在它表面之下的炽热核炉——核心。核心是核反应发生的中心区域，其温度高达1 500万摄氏度。在这样的高温下会发生核反应，氢会转变为氦，同时释放出巨大的能量；而8.3分钟后，一部分能量会到达地球，在经过地球大气层过滤后，温暖的阳光便洒了下来。

趣味知识

在科学技术不发达的年代，人们认为太阳是正在燃烧的大煤块，还有人认为它上面覆盖着火山，火山不断喷发，给地球提供光和热。更有一些天马行空的人认为是陨石不断撞击太阳，使太阳表面产生了热量。

太阳长“雀斑”了——太阳黑子

课前阅读

随着我们慢慢长大，一些小朋友开始喜欢通过照镜子来探索自己。有的小朋友在照镜子时会发现自己的脸上长了一些斑点，医学上称之为“雀斑”。或许当你发现雀斑时会觉得有点沮丧，但是你知道吗？太阳也会长“雀斑”，这又是怎么回事呢？

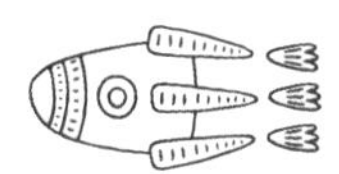

星星博士课堂

当我们借助天文望远镜观察太阳表面时，我们会发现太阳表面有时会出现一些小黑点，这些黑点有时独自出现，有时会成群结队地出现，像人类脸上的雀斑一样；而且如果黑点足够大，不需要借助天文望远镜，只拿一块黑色的玻璃挡在眼前就能看到。我们把太阳表面的黑色“雀斑”叫作“太阳黑子”。

太阳黑子

通过观测和计算，现在已知最小的黑子直径接近1 000千米，叫作微黑子；而庞大的黑子群可以绵延10万千米。曾经出现过一个黑子群，竟然把太阳圆面的1/6都遮住了。

太阳黑子只在太阳某些纬度上才出现，并不遍布整个太阳的表面。

太阳黑子是光球上的浅洼地，这里的磁场非常强，而且温度要比光球的其他部分低大约1 500℃，也正是因为如此，在周围强光的衬托下，太阳黑子呈暗色。也就是说，太阳黑子之所以看上去黑，是与其他部分明暗对比的结果。如果把太阳黑子单独取出来，我们就会看见黑子不仅不黑，光芒甚至超过了月亮。

当黑子群剧烈活动时，会产生一些亮斑，这些亮斑经常出现在黑子群的上空，与黑子群形成十分鲜明的对比，这就是我们常说的“耀斑”。一个正常发展的黑子群几乎几小时就会产生一个耀斑，耀斑不仅会干扰地球上的

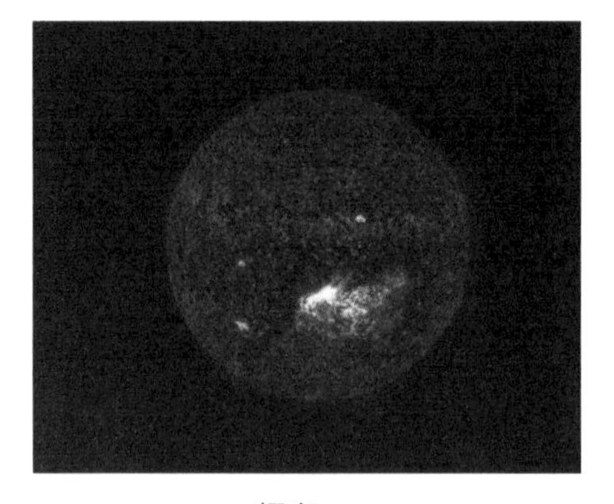
耀斑

无线电通信信号，还会对天空中的宇航员造成伤害。

太阳黑子的出现，有的年份多，有的年份少。通过不断的观测，人们发现太阳黑子的发生是有规律的，大概11年一个周期。

趣味知识

太阳活动会影响地球的气候，1645年至1715年，太阳几乎没有了黑子，这段时期北欧异常寒冷，而我国历史学家也证明这段时期是人类历史上最寒冷的时期，因此这段时期被称为“小冰河期”。

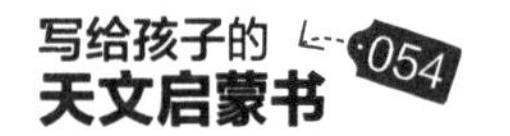

太阳的“耳环”是什么

课前阅读

在观察日全食的过程中，我们会发现一种壮观的现象：月亮慢慢地把太阳遮住，天空开始变得昏暗，等阳光被最大限度地遮住时，整个太阳只剩下一圈红色的光环，像是从黑色圆盘边缘喷薄而出的火焰。那么，你知道这层火焰是什么吗？

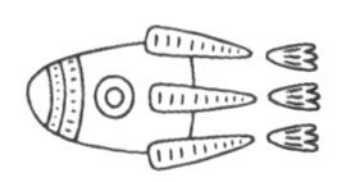

星星博士课堂

因为我们平时看到的光球层太过耀眼了，所以常常使得我们无法看到那些暗淡、稀薄的大气，即太阳大气。太阳大气主要由两部分组成：色球和日冕。在这两块区域中经常发生巨大的物质喷射和爆发，

日珥

形成“日珥”和“耀斑”。耀斑我们在上一节中已经讲过，这一节我们来认识一下日珥。

发生日全食时，太阳的周围镶着一个红色的环圈，这就是日珥。日珥是在太阳的色球层上产生的一种非常强烈的太阳活动。

日珥是太阳活动中十分有趣的现象，因为形状像耳环而得名。日珥是从太阳各个部分喷射出来的云团和气体，从色球层向外延伸，绵延数十万千米后到达太阳大气层的最外围日冕。日珥升腾时的速度十分惊人，现在世界上常规导弹的平均速度在7 350千米每小时左右，换算成秒为单位后大约是2千米每秒，而日珥的喷射速度高达700千米每秒，是常规导弹速度的几百倍。

除了爆发日珥外，还有活动日珥和宁静日珥。活动日珥不像爆发日珥那样暴躁，它经常是从太阳表面喷发出来之后又慢慢地沿着弧形轨道回到太阳表面。有些调皮的日珥也会趁机跑到外太空。宁静日珥则像一个安静的女孩子一样，经常安静地待着，即使是在温度高达100万℃的日冕里也能安然不动。

趣味知识

日珥的密度远大于日冕，按理说日冕中的日珥会坠落下来，可事实上它可以长期存在于日冕中。日冕的温度极高，而日珥的温度只有约7 000℃，但是日珥却能安静地待着。以上种种都让科学家们百思不得其解。

太阳风是从太阳里刮出来的风吗

课前阅读

在闷热的夏天，要是吹来一阵微风，我们会感到特别舒服；如果是中级的风，我们必须穿厚一点的衣服来抵挡；如果是五六级的大风，顶风走会感到吃力；而如果碰到龙卷风、台风，我们只能乖乖地躲起来，等待它们过去。地球上有各种各样的风，太阳上也是如此。不过太阳上的风和地球上的风有点儿不一样。

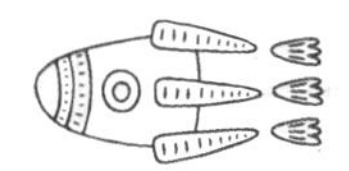

星星博士课堂

我们在很多科幻电影或杂志中都会看到“太阳风”这个词，难道太阳风是从太阳里刮出来的一阵风吗？其实太阳风和在地球上见到的风不是一个概念，我们常见的风是由气体组成的，偶尔会夹杂一些尘埃颗粒。但是太阳风就不一样了，它是由高速带电粒子流组成的。

1958年，美国的一颗人造卫星的粒子探测器发现了来自太阳的高速带电粒子流，科学家帕克发现它在流动时与地球上的风相似，所以将其命名为“太阳风”。

太阳风是从日冕射出的超声速等离子体带电粒子流。其他恒星也会产生这种带电粒子流，称为“恒星风”。

太阳风的密度虽然稀薄，但是猛烈程度远远超过地球上的风。举一个例子，地球上12级大风的风速约为32.5米每秒，而太阳风的速度则达到了350～450千米每秒，是前者的上万倍。太阳风在最猛烈时甚至可达800千米每秒以上。

这么猛烈的风刮到地球上会不会造成影响呢？地球磁场在太阳风面前像是一间“漏风”的房子，会给带电粒子进入地球大气层提供可乘之机，给我们的生活带来影响。

1957年7月21日，一股猛烈的太阳风入侵地球，这股巨大的力量竟然使地球的自转速度减慢了0.85毫秒，同时全球发生多起地震。因为磁场也受到了干扰，使得无线电信号突然中断，一些靠指南针和无线电导航的飞机、船只一下子变成了“瞎子”。

太阳风分为两种，一种是持续太阳风，也叫宁静太阳风。这类太阳风起源于平静的日冕区，速度一般在450千米每秒左右，对地球的影响不是很大；另一种是扰动太阳风，速度一般可以达到1 000～2 000千米每秒，会对地球产生比较明显的干扰。上述例子中的太阳风就属于扰动太阳风。

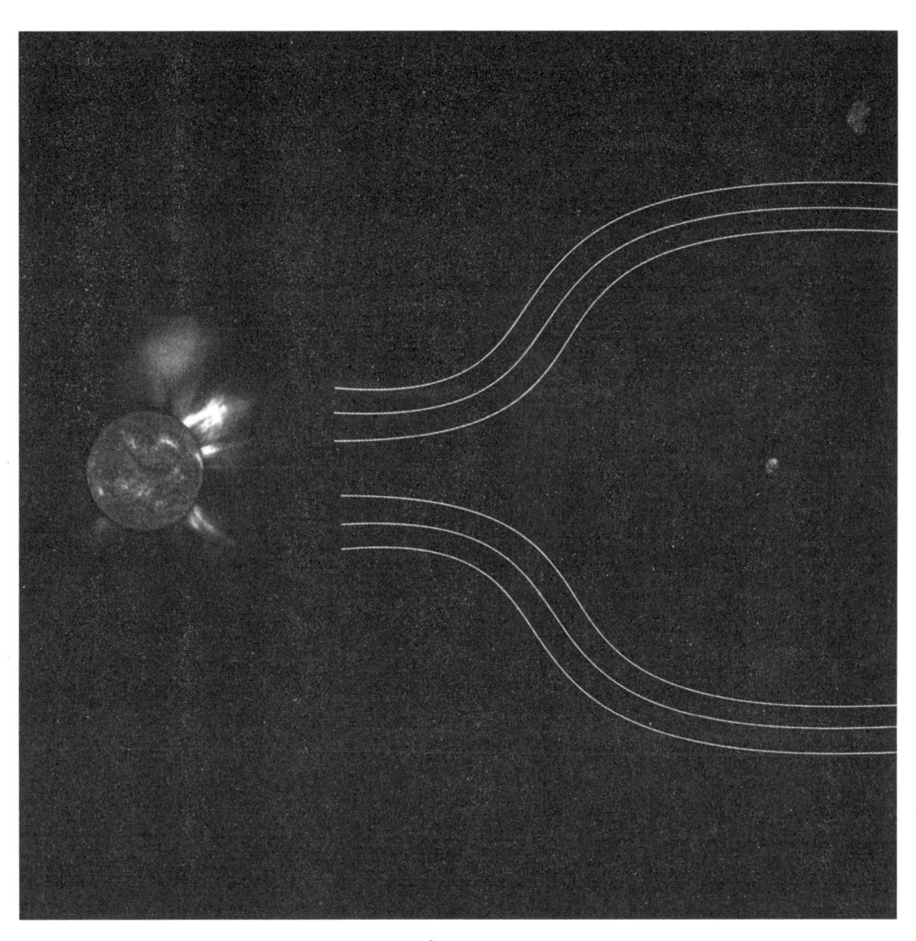

太阳风

趣味知识

你知道太阳风能发电吗？美国华盛顿州立大学的科学家正在研究把太阳能和风能结合在一起。他们设想在卫星轨道上放置一个宽8 400千米的巨型太阳帆来收集太阳风的能量。如果能实现，产生的电量就可以满足全人类的用电需求。

我们的蓝色家园——地球

现在我们要看看我们脚下的这个球体了。虽然在整个太阳系里，地球只不过是一颗很小的行星，但是对于我们来说意义非凡，因为这是我们赖以生存的家园。

被大气层包裹着的蓝色星球

课前阅读

盖亚是古希腊神话中的大地之母。当时的第一代人类因为沉迷于安逸而被天神的洪水惩罚。在人类濒临灭绝之际，盖亚用自己的身体——土壤和石头创造了第二代人类，土壤变成了血肉，石头变成了骨骼，而石头上的纹理则变成了经脉。

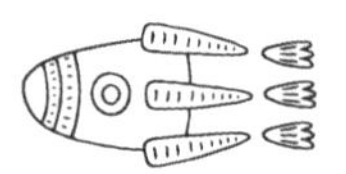

星星博士课堂

整个世界在刚刚诞生的时候一片混沌，而盖亚就诞生于这片混沌中。神话与现实往往有着美妙的契合，我们生活的地球确实是从一片混沌中演化而来的。这要从46亿年前讲起。

在经过一场大爆炸之后，当时的宇宙空间到处是由炙热的气体和坚固的微粒组成的星云和尘埃。其中一个云团高速旋转，其粒子不断变大，最后在云团内核中形成了一个中心极热的大圆盘——太阳。与此同时，微小的颗粒物越聚越多，最终形成了星子。星子的直径达到几千米以后就会吸引更多的物质，就这样星子不断长大，不断互相结合，最后成长为岩质行星，地球就是其中的一颗行星。

地球是太阳系中唯一存在液态水和冷冻冰、大气中富含氧气的行星，也是目前已知的唯一存在生命的星球。

不过，刚诞生的地球可摸不得，因为它是一个由炙热稠密的岩浆组成的大火球。随着地球在宇宙中不断旋转，温度渐渐冷却了下来，于是地球表面形成了地壳。在这个过程中，位于地球表面的岩石释放出大量水蒸气，水蒸气上升到天空中形成云，由此开始了持续数千年的降雨。大量的降水覆盖了部分地壳，就这样，原始海洋诞生了。

我们的地球

渐渐地，地球周围形成了大气层，这层气体像外衣一样保护着我们的地球，阻挡了大部分太阳光线。按照与地球的距离由近及远，大气层依次被划分为不同的气体层，距离我们最近的大气层中含有氧气。大家都知道，氧气对我们的呼吸来说必不可少。如果没有大气层，人类、动物、植物都不可能生存，也不会有风、云、雨等自然现象。

海洋和大气层形成之后，我们的地球上就有了丰富的水和氧气，大约在35亿年前，生命也相继诞生。

地球上最早的“居民”并不是人类，而是一些极其简单的单细胞生物，如细菌和海藻；接着出现了比较复杂的水生动物；随着陆生植物的出现，陆生动物也出现了。就这样，地球上相继出现了我们今天已知的各种生物，后来终于出现了人类。

趣味知识

古印度人认为，大地是一个由站在乌龟背上的三头大象托起来的大圆盾。我国古代则有“天圆地方”的说法。当航海家麦哲伦完成环球航行后，人们认为地球是圆的。现在我们已经知道地球其实是个两极稍扁、赤道稍鼓的椭球体。

打开地壳，看看地球内部的世界

课前阅读

在印度尼西亚巴布亚省的一处山脉中有一个大坑，这里是世界上最大的金矿所在地，每天大约有2万名工人在矿井中工作。在矿井中工作可不是一件容易的事，矿工不仅要冒着矿井坍塌的危险，还要忍受一年四季的高温。在那些深1 000多米的矿洞中，温度甚至达到40℃，并且越接近地心，温度越高。难道地球的中心存在着一个大火炉吗？

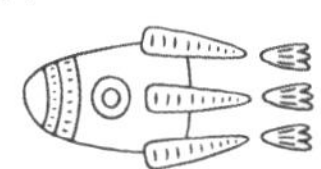

星星博士课堂

你有没有想过去地心旅行呢？其实，探究地球的内部世界一直是人类的梦想。你看过《地心历险记》吗？电影中的地心世界是一个充满各种奇异生物的梦幻世界。事实上，这些仅仅是人们的想象罢了，因为如果要到达地心，需要挖掘一口约6 378千米的深井。到目前为止，人们在地球表面挖的最深的井还没超过15千米。如果把地球比作一个苹果，那么人类只挖到了苹果皮那样的厚度。

虽然我们无法亲自到地球的内部世界旅行，但是科学家已经通过一些数据推测出了地球内部的构造。科学家发现，地球的内部结构是一层一层的，有点像我们经常见到的洋葱。

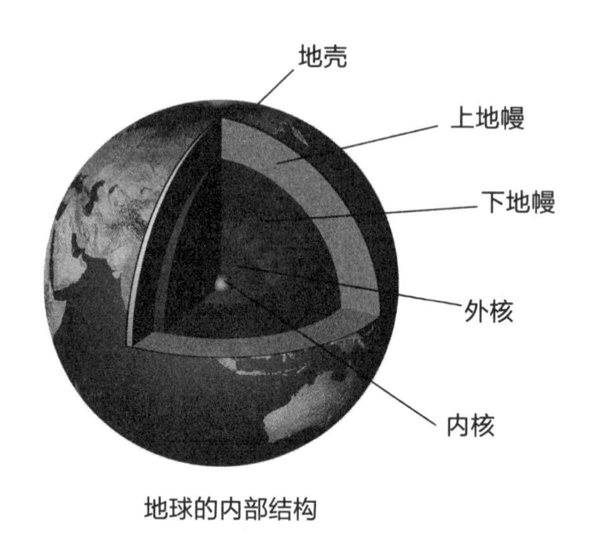

地球的内部结构

地球的内部结构是指地球内部的分层结构。科学家根据地震波在地下不同深度传播速度的变化，将地球内部分为地壳（qiào）、地幔和地核三大部分。

地球的最外层是地壳，地壳的厚度在0～100千米，其中大陆下的地壳平均厚度约35千米；高山、高原地区地壳厚一些，如我国青藏高原处的地壳厚度达65千米以上；平原、盆地地壳相对较薄，而大洋地壳的厚度只有几千米。

地壳下面是地幔，地幔分为上地幔和下地幔，加起来的厚度大约是2 900千米。地幔主要由致密的造岩物质构成，这是地球内部体积最大、质量最大的一层。

穿过地幔我们会到达地球的地核，地核分为外核和内核，首先我们看到的是呈液态的外核，主要由铁、镍、硅等物质构成。接着我们看到的是呈固态的内核，内核的压力巨大，即使是金刚石也远不如它坚硬。

趣味知识

地核的不断旋转与摩擦形成了磁场。如果地核冷却，地球将会失去磁场这层保护伞。到那时，地球可能会受到辐射波和太阳风的冲击，甚至可能导致地球上的生命消失。

天亮了，天黑了——地球自转带来昼夜交替

课前阅读

古希腊学者托勒密认为，地球处于宇宙的中心静止不动，而太阳、月亮等天体围绕地球运动，所以就有了白天和黑夜的更替。这是托勒密提出的“地心说”。16世纪初，波兰天文学家哥白尼提出了一种全新的宇宙理论——日心说。他认为地球和别的行星一同绕太阳运转，我们之所以每天能够看到日月星辰东升西落的现象，是因为地球在不断地自转。那么，你认为哪种学说正确呢？

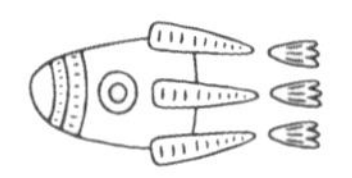

星星博士课堂

到底是太阳在转，还是地球在转？法国物理学家傅科用摆锤为我们得出了答案。1851年，傅科做了一个实验，他在大厅的顶上悬挂了一条长67米的绳索，绳索下面挂着一个摆锤，摆锤下面是巨大的沙盘。每当摆锤经过沙盘时，就会留下痕迹。

按照当时人们的经验来看，这个巨大的摆锤应该在沙盘上画出一条

往复运动的直线轨迹。实验开始后，人们惊奇地发现，摆锤每一次在沙盘上留下的痕迹都和上一次的痕迹有3毫米左右的偏差。这其实是地球自转造成的。傅科用实验的方法证明了地球的自转，也为哥白尼的日心说提供了有力的证据。

傅科摆锤实验

现在我们已经知道，地球就像一只陀螺一样每天都沿着自转轴自西向东不停地旋转着。同时因为地球是一个不透明的球体，太阳只能照亮地球的一部分，向着太阳的一面是白天，背着太阳的一面是黑夜，所以随着地球不停地转动，就出现了昼夜交替的现象。

地轴是穿过地球南北极的一条假想的直线，地球自西向东绕地轴自转一周，时间大约是24小时，人们称之为地球的自转周期。

那为什么在地球上的我们感觉不到地球在转动呢？这是因为我们本身是地球运动的参与者，就像附在飞驰的炮弹上的灰尘一样，随着子弹一起运动，自然也就感觉不到自己在运动了。

那么，地球自转的速度有多快呢？除了南北极点外，地球上各点自转角速度均为15度每小时。除此之外，还有一种随纬度变化的线速度。赤道处的线速度最快，可以达到大约1 670千米每小时，从赤道向两极线速度逐渐减小，极点线速度为零。假如地球突然停止自转，由于惯性的存在，地球上的所有物体都会以超过1 000千米每小时的速度飞到空中，将成为“超音速子弹”。

趣味知识

极圈以内的地区，每年总有一个时期太阳落不到地平线以下，一天24小时都是白天，这种太阳永不落下的现象叫极昼。反之是极夜。极昼与极夜的形成，是由于地球在绕太阳公转时，还绕着自身的倾斜地轴旋转而造成的。

春、夏、秋、冬——公转带来四季变换

课前阅读

帕尔赛弗涅是主神宙斯和司农女神德墨忒尔的女儿。有一天，帕尔赛弗涅在西西里岛采花，不料被冥王抢回了冥府。她的母亲一怒之下命令所有的绿色植物停止生长，她的父亲责令冥王归还自己的女儿。可是被冥王诱骗吃了六粒石榴籽的帕尔赛弗涅必须待在冥府6个月，这段时间万物一片死寂。等她回到人间后，她的母亲为女儿的归来赐出五谷，于是春回大地。从此，帕尔赛弗涅就成了春神。

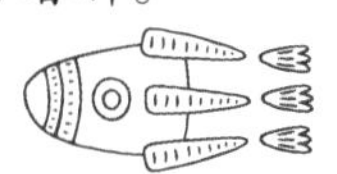

星星博士课堂

在古希腊神话中，冬去春来原来就是这样产生的。那么，如何从科学的角度划分四季中的春夏秋冬呢？

我们知道地球不仅每天保持着自转，同时还绕着太阳公转，公转一圈的时间大约是365天，这就是“年”的来历。当然，一年中的12个月并不是将365天进行等分。下面的口诀可以帮助你弄清楚每个月是多少天。

一三五七八十腊[1]，三十一天永不差；

四六九冬三十天，平年二月二十八。

地球自转带来了昼夜更替，地球绕太阳公转则带来了四季变化。地球的赤道是一条长约4万千米的“腰带”，赤道与地球公转轨道平面所在的黄道存在一个23°26'的夹角，所以地球在绕太阳公转时身体是倾斜的。这种倾斜使得地球上的一些地方距离太阳更近，而另一些地方距离太阳相对较远，这意味着地球上不同地区昼夜的长短是此消彼长的。

以我们生活的北半球为例，冬至日的时候黑夜最长，白天最短，这个时候抬头仰望，太阳最低。从冬至日开始，白天越来越长，黑夜越来越短；夏至日白天最长，黑夜最短，这时候观察天空，太阳最高。从夏至日开始，白天变得越来越短，黑夜越来越长。当白昼较长的时候，地球上获得的热量多，这时夏季就来临了；当黑夜较长的时候，迎来的就是天气越来越冷的秋冬季节。

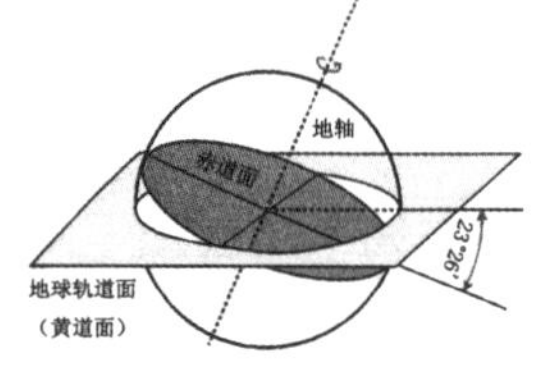

赤道面与地球轨道面示意图

虽然我们感觉不到地球的转动，但

①文中第一句的“腊”指十二月，文中第三句的“冬”指十一月。二月比较特殊，平年的时候是28天，闰年的时候是29天。

是有一个事实是毋庸置疑的，那就是地球公转的速度是非常快的，达到29.79千米每秒。这是一个什么概念呢？一般炮弹的速度可以达到将近1千米每秒，那么地球公转的速度约是它的30倍；一般火车的速度是33米每秒，那么地球公转的速度比火车的速度快大约1 000倍。现在我们做一个假设，假设火车的速度比乌龟快1 000倍，那么我们开着火车去追地球就好比一只乌龟去追火车。

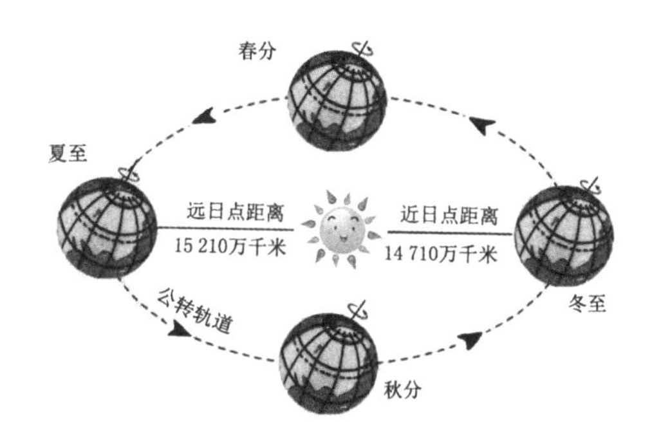

四季与昼夜的长短演示原理图

趣味知识

南半球的夏天热还是北半球的夏天热呢？我们知道地球的公转轨道是椭圆形，在1月的时候地球离太阳的距离比7月时近5 000万千米，而南半球在1月是夏天，所以南半球的夏天比北半球的夏天热。

是谁拽住了地球上的东西

课前阅读

300多年前，在英国伍尔索普的一座农庄里，年轻的牛顿正坐在一颗苹果树下闭目沉思。忽然一个熟透的苹果从树上掉了下来，打断了他的沉思。他想：苹果为什么不往天上掉呢？这里面难道有什么神奇的力量吗？经过反复思考和论证，牛顿终于发现了万有引力定律。

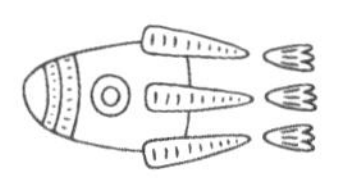

星星博士课堂

一个突然从树上掉落下来的苹果，使牛顿最终发现了万有引力定律。我们知道地球每时每刻都在不停地自转，而且地球自转的速度非常快，如果没有什么东西拽着地球上的所有东西，由于惯性的作用，它们很可能都被甩飞到外太空。

我们把这个拽着万物的大力士叫作万有引力，它是指两个物体之间相互吸引的一种作用，这种作用是由它们的质量引起的。那为什么说“万有”呢？原来，宇宙间任何两个有质量的物体之间都存在这种相互的吸引力。比如，生活中我们见到一些物体失去支撑后会下落，就是因为地球对它有引力作用的缘故。

万有引力定律：任何物体之间都有相互吸引力，这个力的大小与各个物体的质量成正比，而与它们之间的距离的平方成反比。

根据万有引力定律，物体所受的地球引力是随着物体和地面的距离而变化的，距离越大，引力越小。

我们现在知道了，万有引力是一种相互作用力。也就是说，苹果、石头甚至人等物体也都在把地球拉向自己，那为什么不见地球运动呢？原因很简单，地球太重了，地球的质量约是60万亿亿吨。假设你的体重是40千克，换算成吨的话是0.04吨，这0.04吨产生的作用力根本无法引起地球运动，就像一只蚂蚁无法推动巨石那样。

那么，重量差不多的物体为什么没有表现出万有引力呢？比如，两个水杯为什么不互相吸在一起呢？原因是普通物体之间的引力太小了。

趣味知识

乘坐电梯时你发现了吗？当电梯由静止突然快速下降时，人体的各部分就会变轻，这种现象叫失重；而当电梯加速上升时，人体的各部分就会变得很重，这种现象叫超重。

我们的邻居——月亮

月球，俗称月亮，在古代又称太阴、玄兔。月亮是地球最忠实的卫士。数千年来，关于月亮的神话传说几乎与太阳的传说一样多。现在各国都在制订切实可行的探月、登月计划。这一切都在表明，月球是我们“最熟悉的陌生人”。

月亮不是行星，而是卫星

课前阅读

相传，远古时候天上有十个太阳，晒得庄稼枯死，民不聊生。于是后羿登上昆仑山用弓箭一口气射下了九个。西王母知道了这件事，赐给他一瓶不老仙药，但他舍不得吃，就交给妻子嫦娥保管。后来，后羿的门徒蓬蒙觊觎仙药，逼迫嫦娥交出仙药，嫦娥被逼无奈，只好吞下仙药向天上飞去。因为牵挂丈夫，嫦娥就停在了离地球最近的月亮上，从此长居广寒宫。

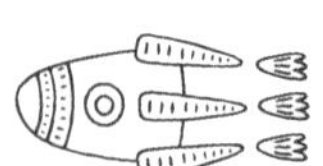

星星博士课堂

“嫦娥奔月”的神话传说源自古人对星辰的崇拜，而月亮又是人们最直接观测到的天体，所以古人往往对月亮有着别样的情怀。以唐代大诗人李白为例，其流传下来的九百多首诗中，竟然有320多首与月亮有关。可以说，唐宋以来没有哪一个知名诗人或词人没有写过月球赞歌。

不过要想揭开月球的神秘面纱，还得借助于天文学知识。

从位置上来看，月球是距离地球最近的天体，它绕着地球旋转。虽然月球的直径是地球的1/4，但它并不是一颗行星，而是地球唯一的天然卫星。

月球是由岩石组成的一颗满身尘土、十分贫瘠的球体，上面没有大气或液态水。

月球是迄今为止人类研究得比较多的天体。月球与地球的平均距离约为384 400千米；它的直径约为3 476千米，表面积还不如亚洲的面积大；它的质量相当于地球的1/80。月球的引力是地球的1/6，如果你的体重在地球上是40千克，那么在月球上就不到10千克。同样，如果你能在地球上跳1米高，那么在月球上你就能跳到6米，这其实是很酷的一件事，因为你可以像超人一样在月球上跳着行走。

月球

说起来月球有着和地球差不多的年纪，从地球形成之初，月球就相伴相生了。不过，有一个不争的事实是，虽然月球像个卫士一样，对地球“忠心耿耿”，但是它正以每年13厘米的速度离我们远去，这就意味着，总有一天它会离开我们，不过那将是几十亿年之后的事情了。

趣味知识

在电视中我们经常看到狼对着月亮嗥叫，难道狼对月亮情有独钟吗？其实这是一种误解。狼习惯于在夜晚嗥叫是为了集群或是寻找配偶，而且也不会只对着月亮嗥叫。也就是说，电视中狼对着月亮长嗥的情景只不过是人们的想象罢了。

行走在月球表面

课前阅读

你的手边有蜡烛吗？如果有的话，把蜡烛点燃放在身旁，同时关闭房间里的其他光源，接着拿起镜子照自己的脸。你会发现，在烛光的映照下，你的脸上出现了很多阴影区域，甚至脸上的小疙瘩或是坑坑洼洼的地方也能看清。月亮也是这样的。其实，月亮的表面并不像我们看到的那样光滑、可爱，它的“脸上”也长满了“麻子”。

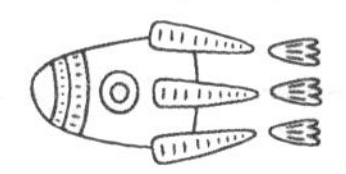

星星博士课堂

月亮似乎总是美丽的代名词，唐代大诗人李白说：“小时不识月，呼作白玉盘。”如果用肉眼看，圆圆的月亮确实像一个表面光滑的大玉盘。可是当你拿起天文望远镜观测时，你会大失所望，因为月球的表面到处是坑坑洼洼的洞和沟壑，像一个“麻子脸”。那些其实是月球表面上的环形山。

环形山，希腊文的意思是“碗”，是月球表面碗状凹坑状的坑，所以也叫“月坑”。环形山与地球上的火山口地形很相似。

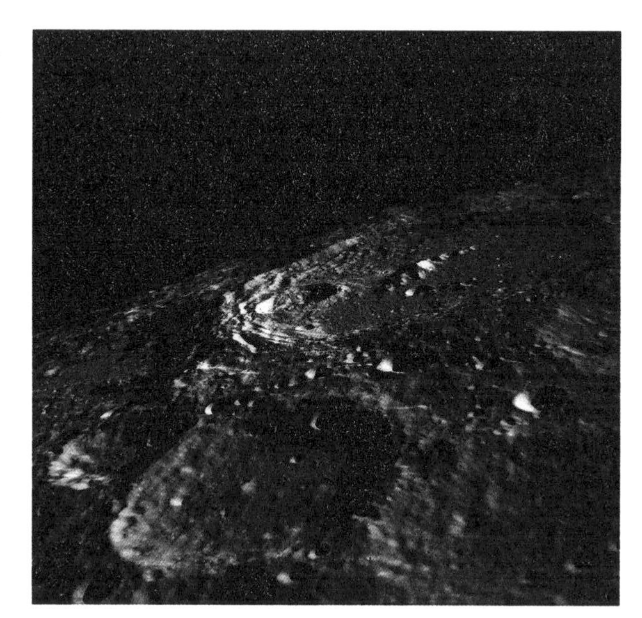
环形山

环形山是月球表面的一大奇观，大大小小的环形山几乎布满了整个月球表面。据统计，月球上直径大于1千米的环形山大约有3万个。最大的环形山是月球南极的贝利山，相当于一个大岛屿；最深的环形山是牛顿环形山，它的深度与地球上海拔最高的珠穆朗玛峰不相上下；而最小的环形山只有几十厘米，就像一个个小树坑。

这些环形山大多是由太空中的岩石撞击月球表面产生的。由于月球表面没有大气，当这些“天外来客”攻击月球时，月球无法使其燃烧掉，并且月球上没有水和风，自然也没有风蚀和水蚀作用；所以就形成了大大小小的月坑。

月海

除了环形山，我们还能看到一片片深灰色的平原或是盆地——月海。我们肉眼看到的黑暗色斑块就是月海。不过月海并不是真正的海，其表层覆盖着类似地球玄武岩那样的岩石。目前已经确定的月海数量有22个，绝大多数分布在月球正面[①]。最大的月海是“风暴洋”，它的面积相当于法国领土面积的9倍。

①月球总是以半个球面对着地球，这半个球面称为月球正面，另一半是月球背面。

有平原自然有高地，月球上高出月海的地区叫“月陆”。因为月陆高出月海2～3千米，更容易反射太阳光，所以月陆看起来比月海要亮一些。在月球正面，月陆的面积大致与月海相等，而在月球背面，月陆的面积要比月海大得多。

趣味知识

环形山的命名十分有趣，如哥白尼环形山、阿基米德环形山、牛顿环形山等。以我国古代天文学家的名字命名了4座环形山，分别是石申环形山、张衡环形山、祖冲之环形山和郭守敬环形山。你知道这些人都有哪些卓越的贡献或事迹吗？

月球送给地球的礼物——潮汐

课前阅读

你去过海边吗？如果没有去过，是无法习惯这种潮起潮落的声音的——“哗啦啦，哗啦啦”。古希腊哲学家柏拉图认为，潮汐是地球在呼吸，就像人呼吸一样。他猜想地下的岩穴是不断振动的，就像人的心脏跳动一样。那么这种说法科学吗？潮汐究竟是怎么回事呢？

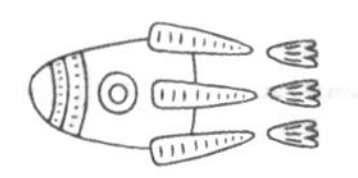

星星博士课堂

在很早以前，人类就已经对潮汐现象有所认识了，但由于水平有限，当时的人对潮汐的形成不能做出正确的解释，甚至认为是海妖在作怪。所以一些沿海地区的人们还保留了建立神庙、祭祀神明的习俗。

17世纪，英国科学家牛顿发现万有引力定律后，人们对潮汐才有了科学的解释。原来，潮汐是由太阳和月球对海洋的引潮力而引起的，其中月球扮演了主要角色。通过万有引力的学习，我们知道月球和地球之间也存在吸引力，虽然这股力量还没大到让月球靠近地球，但它还是对海水产生了影响。

潮汐是一种周期性的海水涨落现象：到一定时间，海水迅猛上涨，达到高潮；过一些时间，上涨的海水又自行退去，出现低潮。

在地球上，正面对着月球的一侧受到的月球引力最大，而背面最弱。因为月亮一直绕着地球转，地球上各地方所受的引力也不一样，所以各地的海水会躁动不安，从而形成时涨时落的潮水现象。

壮观的钱塘江大潮

在一天当中，海水的涨潮和退潮分别出现两次。我们的祖先把发生在早晨的高潮叫潮，把发生在晚上的高潮叫汐。我国的钱塘江大潮是极具观赏性的潮汐现象，特别是每年农历八月十八日前后的涌潮最为壮观。宋代诗人苏轼还曾以“八月十八潮，壮观天下无”的绝句来赞誉钱塘江大潮。

潮汐现象是月球送给地球的一份礼物。潮汐变化直接影响着人们的生活，如海上捕鱼、海水养殖、海洋工程等。为了掌握潮汐的规律，我国在沿海地区建立了大大小小的海洋站。潮汐中蕴藏着巨大的能量，最主要的运用是潮汐发电。

趣味知识

你见过发光潮汐吗？马尔代夫有一处神秘的沙滩，每当潮汐来临时，冲上沙滩的潮水都像一面发亮的镜子一样与天空中的星空交相辉映。这其实是海洋中特有的浮游微生物在发光，当它们被潮水推挤时，会引起细胞级别的化学反应，从而形成发光潮汐。

神秘的阿波罗计划

课前阅读

数百年来，人类一直梦想着登上月球一看究竟。1959年的一天，俄罗斯研发的“月球1号”飞船正式脱离地球向月球进发。为了这次相遇，“月球1号”装载了当时最先进的设备。就这样，承载着人类梦想的“月球1号”第一次靠近了月球……

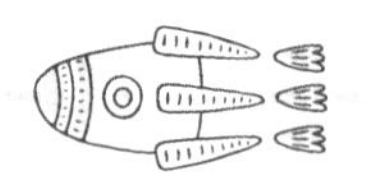

星星博士课堂

“月球1号”作为人类探索宇宙的第一个探路者并没有登陆月球，而是与月球擦肩而过。虽然“月球1号”探索到了太阳风，还测到了月球磁场，但是并没有满足人们对月球的好奇，反而使人们对月球探索的欲望更加强烈了。

第一次未能命中月球后，俄罗斯科学家很快又制造了第二个探测器——“月球2号”。这次的“月球2号”不负众望，成功撞击月球，成为人类历史上第一个在月球上硬着陆的飞船。“月球2号”最大的贡献是拍摄到了月球背面的第一张照片。不甘落后的美国也制订了探月计划——阿波罗计划。

阿波罗计划是美国从1961年到1972年组织实施的一系列载人登月飞行任务，是世界航天史上具有划时代意义的一项成就。

1967年7月，巨大的“土星5号”火箭载着“阿波罗11号”飞船从美国的卡纳维拉尔角缓缓升空。在经过100多个小时的飞行后，搭载着3名宇航员的“阿波罗11号”终于成功在月球正面着陆。当其中一位名叫尼尔·阿姆斯特朗的宇航员缓缓打开登月舱舱门，左脚小心翼翼地踏上月球表面时，人类踏上月球的梦想终于实现了。

阿姆斯特朗和月球上的鞋印

随后宇航员们在登月舱附近插上了一面美国国旗。为了保证国旗看上去迎风招展，他们在国旗的背后用了一根弹簧状金属丝，使国旗舒展开来。接着，宇航员们在月球表面装起了一台测震仪和一台激光反射器……等他们返回地球的时候，足足采集了20多千克的岩石和土壤样本。

后来阿波罗系列探测器陆续到达了月球，而且宇航员们还有了月球车。月球车像电动吉普车那样，不过在它的上面装有大大的像雷达一样的东西。

趣味知识

虽然阿波罗计划因将宇航员送到月球而闻名，但是在时隔多年后，一些人开始对美国宇航员登月的壮举表示怀疑。比如，一个叫戈尔多夫的人认为美国宇航员在月球上拍摄的所有照片和摄像记录都是在好莱坞摄影棚中制造的。

地球的小伙伴们——七大行星

太阳系有八颗大行星，按照离太阳的距离，它们从近到远依次为水星、金星、地球、火星、木星、土星、天王星、海王星。我们生活的地球是其中的一个小伙伴，剩下的七个小伙伴也各具特色。有的是跑步冠军，有的是美丽的草帽星，而有的则十分顽皮——竟然躺在轨道上打滚！

跑步冠军——水星

课前阅读

天空中有一颗擅长跑步的星星，它比《阿甘正传》里的阿甘还能跑，比“后羿逐日”中的后羿还能跑。它刚一闪现，又很快消失，有时在落日的余晖里闪耀一下身影，有时会跑到破晓的天空里看着人们早起劳作，有时又隐藏在太阳的光芒下。这一下把古人弄糊涂了，使古人以为这是两颗或是好几颗不同的星星，后来人们才知道它其实是同一颗行星——水星。

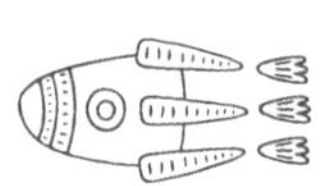

星星博士课堂

水星

在古罗马神话中，水星被封为“太空中的信使”，因为它跑得快，所以人们把传信的任务交给它，就像信鸽一样。在古希腊神话中，人们还把它比作脚穿飞鞋，手持魔杖的使者。那么，水星绕太阳运动的速度真的那么快吗?

水星是最接近太阳的行星，被太阳炙烤得厉害，在太阳的万丈光芒下，人们很难直接观测到水星的表面。即使是用天文望远镜也很难做到，原因是太阳辐射会破坏天文望远镜上灵敏的仪器。再加上水星在整个天空乱跑，所以人们对水星了解得并不多，就连它的公转周期也无法确认。后来，随着天文学的不断发展，人们才确定了水星的公转周期。

根据科学测定，在太阳系所有的行星当中，水星有着最大的轨道偏心率和最小的轨道倾角，80多天就能绕行太阳一周。这么快的速度，是太阳系行星成员中当之无愧的“跑步冠军”。

水星是太阳系中最小的一颗行星，也是离太阳最近的行星。我们称之为辰星或昏星。

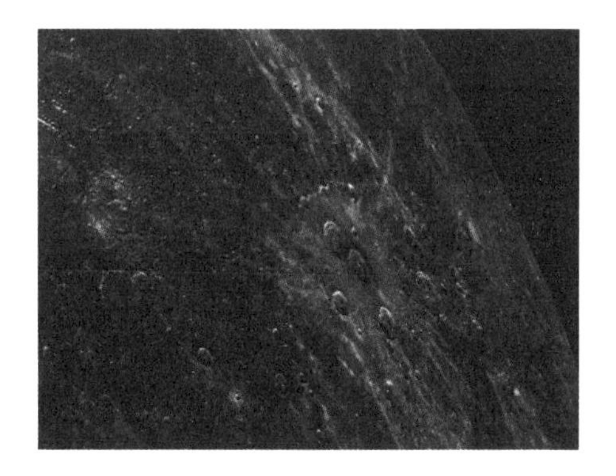
水星表面

虽然水星离地球较近，但是不好观测。1974年，人们发射了“水手10号”探测器，在与水星擦肩而过的时候捕捉到了一些图像。原来水星是一颗伤痕累累、布满陨石坑的星球！大约在40亿年前，年轻的水星遭受到了陨石的撞击，大大小小的天外陨石像一块块巨大的冰雹一样不断地撞击水星，使水星表面千疮百孔。这些陨石坑大约占了已知水星表面60%的地表。

陨石还撞击出了不少有名的盆地，如“马蒂斯盆地”“卡路里盆地”等。水星的许多盆地都是以作家、音乐家和艺术家的名字命名的，如马蒂斯就是一名法国作家。

水星表面和月球表面很像，满布环形山、大平原、盆地、辐射纹和断崖。不过水星上的环形山比月球上的环形山坡度平缓些。和月球上的环形山一样，水星上的环形山也有名字，其中以人的名字命名的就有很多，比如，春秋时代的音乐家伯牙，唐代大诗人李白，南宋女词人李清照，等等。

趣味知识

水星的公转周期约为88天，自转周期约为59天，这使得水星上接连两次的日出间隔竟长达176天，即水星上的一昼夜等于地球上的176天。这也使得水星上的温差极大。

金星在小伙伴们中最闪亮

课前阅读

在古罗马神话中，维纳斯是爱与美的象征。维纳斯拥有罗马神话中最完美的身段和容貌，她的美貌不仅使得天上的男天神为之痴迷，就连众多女天神也羡慕不已。当时的战神马尔斯也对维纳斯倾慕不已，而维纳斯也悄悄地爱着马尔斯。后来两个人终于在一起了，维纳斯还生下了爱神丘比特。

星星博士课堂

金星就是古罗马神话中的维纳斯，因为维纳斯是爱与美的象征，所以金星的天文符号是女性的标志——♀。因为这个符号又像是梳妆台上的镜子，所以有人将这个符号比喻为“维纳斯的梳妆镜”。

金星

中国古代称金星为“太白”或“太白金星”。金星在夜空中的亮度仅次于月球，在清晨的时候出现在东方天空，所以我们称它为“启明”，而到了傍晚，它又出现在天空的西侧，所以我们也称它为“长庚”。

金星是一颗类地行星，亮度仅次于月亮，是太阳系中唯一一颗没有磁场的行星，也是离地球最近的行星（火星有时候会更近）。

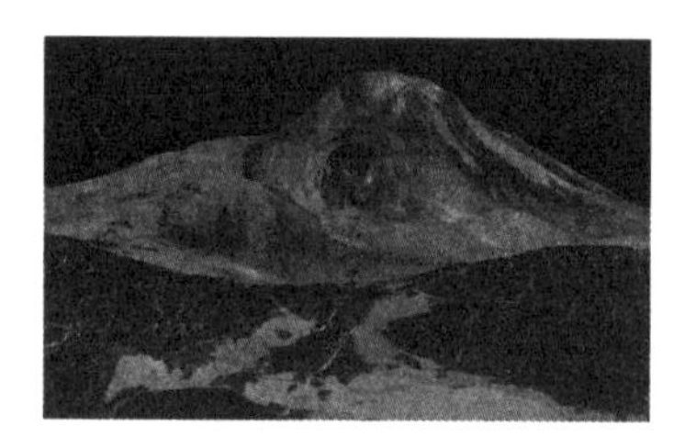
金星表面

金星表面的火山

金星的质量与地球类似，所以往往被看作地球的“姐妹星”。虽然是“姐妹星”，但它们的“脾气”却大相径庭[①]。如果说地球是一个比较温婉的女孩子，金星则是一个不折不扣的暴躁的女汉子。这是因为在金星的表面覆盖着一层厚厚的且富含二氧化碳的大气层。如果站在金星的表面，不仅不能透过大气看到天上的星星，还会被它闷得窒息。再加上好几百度的高温，使金星像极了一个常年高烧不退的狂

①大相径庭比喻相差很远，大不相同。

躁者。当然，这么高的温度下也不会存在液态水。金星的大气压力约为地球的90多倍，这相当于你深入海底大约900多米时感受到的压力。

这么厚的大气，科学家是如何还原金星的真实面貌的呢？1969年，科学家使用了一种类似于机场透过云雾跟踪飞机的雷达技术来探测金星，这才揭开了金星的神秘面纱。

从雷达传回来的数据来看，金星表面布满了火山、平原与高原。金星的表面比较平坦，在金星大平原上有两个大陆状的高地：北边的叫伊什塔尔地，上面横亘着金星最高的山脉——麦克斯韦山脉；南半球的阿佛洛狄忒地更大，它绵延6 000多千米，是金星上最辽阔的高原。

在我国黄土高原地区，恶劣的环境已经让人艰难生存，而在火星则根本无法使人生存。火星表面不仅没有液态水，还散落着成千上万座火山。这些火山有的正在喷出炽热的岩浆，有的则是默默休眠，随时可造成致命一击。

趣味知识

中国古代把金星称为“太白”或者“太白金星”，也称之为“启明”或者“长庚”。金星被古希腊人称为“阿佛洛狄特”，这在古希腊神话中是爱与美的女神的象征。在罗马神话中维纳斯是爱与美的女神，因此金星也被称为“维纳斯”。

“锈迹斑斑”的火星

课前阅读

1877年，意大利天文学家斯基亚帕雷利观测火星时，突然发现在天文望远镜的明亮区域里出现了几条具有几何形状的细线，而且细线有的地方又分裂出新的双线。这难道不像是人类挖掘的运河吗？斯基亚帕雷利兴奋地宣称这是火星上的智能生命挖掘的运河。那么，火星上真的有生命吗？

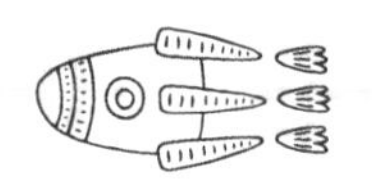

星星博士课堂

按照离太阳由近及远的顺序，火星排在第四，当半夜火星出现在天空的时候，它那火炬般的光芒格外耀眼，而这很可能发生在火星冲日的时候。

火星冲日，是指地球正好位于火星和太阳之间的一种天文现象，一般来说这时的火星最亮，用肉眼就可以观察到。

在没有一睹火星的真面目之前，我们对火星的认识大多来自古人对火星的一些看法。在古罗马神话中，战神马尔斯是战争与毁灭的化身，而火星鲜红的颜色自然让人联想到马尔斯，于是古罗马人把火星称为“战神马尔斯星”。你知道火星的英文单词吗？对了，就是“Mars”，音译过来就是马尔斯。

火星

在参观天文台时，人们往往会向天文学家提出一个问题：“火星上有生命吗？”在诸多行星中，火星可以说是“大明星”了，关于它的新闻不断，关于它的电影一部又一部。为什么偏偏是火星，仅仅是因为斯基亚帕雷利在上面发现了几条细线吗?

其实，火星和地球实在是太像了，它简直就是一个缩小版的地球。地球有昼夜交替、四季变化，火星也有；地球有多变的气象，火星也有；地球有积雪堆积的极地，火星也有……一切的一切都仿佛在告诉我们，火星是地球的近亲，火星上一定有生命存在。

但是，当人们拍摄到火星的清晰照片后大失所望，因为先前观测到的细线并不是什么运河，而是火星上的自然景观。火星的表面一片荒芜，像一个锈迹斑斑的红色大铁球。原来火星表面布满了氧化物，而且大部分地区都是含有氧化物的沙漠，如果碰上猛烈的大风，整个火星表面就会形成一场持续数个星期的沙尘暴。

火星上的沙尘暴

火星表面的平均温度是零下63℃，而我们地球上最冷的地方在南极洲，年平均气温大约在零下25℃，显然人类如果要想在火星上生存，抗寒成了一大问题。起码现在如果人类被放到火星上几乎是难以存活的，但是这并不能说明火星上没有其他形式的生命存在。

趣味知识

你知道吗，在火星上看到的夕阳是蓝色的？这是因为火星的大气十分稀薄，且尘埃颗粒会吸收蓝光。与此同时，太阳附近的尘埃粒子会朝着观察者的方向散射蓝光，于是我们看到太阳的周围会有一圈蓝色的光晕。

太阳的继承者——木星

课前阅读

当伽利略第一次见到望远镜的时候，他很快意识到自己热爱的天文学需要这项高科技。经过一系列的研究，伽利略成功制造出了一台高倍望远镜。伽利略决定用这台望远镜做一件大事，即准确地绘制出行星运行图。当时几乎所有的天文学家都认为宇宙中只有地球才有卫星。在观测木星的时候，伽利略吃惊地发现几颗卫星正在围绕木星旋转！

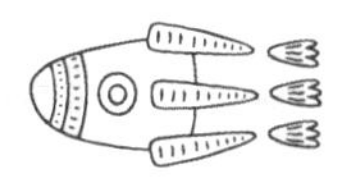

星星博士课堂

木星和地球一样也有忠实的守卫，不过地球的守卫只有1颗——月球，而木星则是带了一群士兵——至少79颗。

木星可是太阳系中的大块头，如果把地球和木星放在一起，就如同芝麻和西瓜比个头。木星是迄今为止太阳系中个头最大的行星，它的大肚子能够装下1 300多个地球。我们把这类巨大的行星称为“巨行星”。由于木星距离我们太远了，所以它看上去并没有那么威武雄壮。

木星是太阳系八大行星中体积最大、自转最快的行星，它的质量是太阳系中其他行星质量总和的2.5倍。

木星远远看上去就像一个矮冬瓜，没错儿，木星不是一个圆球，它比地球大约扁20倍。这个长相在太阳系的行星家族成员中有点儿另类。木星无法像其他行星一样圆滚滚的，因为它的自转速度实在太快了，自转一圈只需要不到10个小时的时间，这使得赤道处围绕木星轴心的旋转

木星

速度达到了一个令人恐怖的数量级。所以，正是因为自身的高速旋转，木星把自己甩成了这般模样。

木星是一颗“气球”，为什么这么说呢？我们来看一下木星的结构。木星除了有一个非常小的岩核外，其余部分都是气体和液体。至于木星为什么没有地壳，这是一个让人百思不得其解的问题。木星的气体主要由氢气和氦气组成，内部被压缩成液态。

旋涡状大红斑

木星有望成为太阳的接班人，这不仅是因为它和太阳的密度接近的缘故，最主要的是它正在不断地释放巨大的能量。木星释放出的能量比它从太阳那获得的能量还多，这说明木星的内部存在热源。木星大气中的氢分子是一座巨大的天然燃料库。再加上木星内部的高温，只要有足够的压强就会发生核反应。虽然现在的压强还达不到核反应的条件，但就目前木星的收缩速度来讲，很可能在几十亿年以后会达到核反应所需要的高压，到那时太阳系可能会出现一个小太阳。

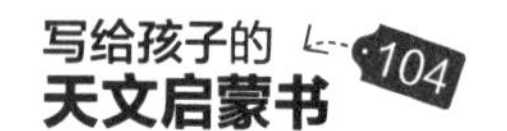

趣味知识

注意到木星上的大红斑了吗？这是木星上在刮飓风，这股相当于地球上的飓风3倍大小的飓风，每6个地球日就按逆时针方向旋转1周，经常卷起高达8千米的云塔。这股飓风已经在木星大气中肆虐了300多年，可以说是木星上的魔鬼地带。

美丽的草帽星——土星

课前阅读

1610年，伽利略利用高倍望远镜观察到在土星的球状本体旁有个奇怪的附属物。为什么奇怪呢？因为它的样子像是土星的两个把手，而且一两年之后便消失了，没过多久，这两个把手又出现了。这令伽利略大惑不解，他甚至怀疑自己出现了幻觉。那么，这两个把手究竟是什么呢？

星星博士课堂

其实伽利略看到的两个把手是土星两侧的光环，当然，伽利略也没有出现幻觉，只不过是因为土星围绕太阳转动，在某个角度正好看不到漂亮的土星环。正是因为土星环的存在，让土星在天文望远镜中看起来犹如一顶美丽的草帽：帽顶是土星本体，帽檐则是土星环。

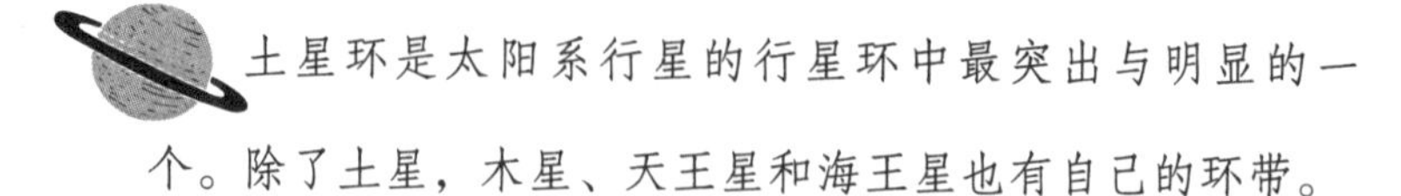

土星环从远处看是一个柔和的、整体的光环，甚至人们之前还认为土星环是一个扁平的固体物质盘。后来人们才知道，土星环并非是一个整体，而是由许多小环组成的。

土星环的主要物质是冰块和岩石。在土星形成的早期，天体之间频繁发生碰撞，碰撞产生了很多碎片，这些碎片有的如尘埃般渺小，有的则如房子一般大。大大小小的碎片堆积在一起，反射着太阳光、星光，于是就形成了土星的神秘光环。

土星

注意到图中蓝色的小光圈了吗？这其实是土星的极光现象，而且土星的两个极地会同时产生极光。这在地球上，是不可能实现的。

天文学家还在土星北极发现了一个六边形的巨大极地旋涡，经过估算，巨大的旋涡能装4个地球，这在太阳系是独一无二的。天文学家猜测，这个旋涡应该是土星上的飓风，风力大概是地球飓风的好几十倍。不过，科学家们至今也没有搞清楚旋涡的成因。

趣味知识

你知道吗？土星是密度最小的行星，平均密度只有水的70%。我们知道，如果把一粒石子抛到水中，石子会下沉，因为石子的密度比水的大；而如果把土星放在一个足够大的海洋中，土星却会漂浮起来。

躺在轨道上“打滚”的天王星

课前阅读

1781年3月13日深夜，英国天文学家威廉·赫歇尔正在观测星空。突然，一个淡绿色的光点出现在他的视野中。赫歇尔激动不已，经过几天的观察，他判定这是一颗彗星。可是彗星怎么会没有尾巴呢？他给英国皇家学院写了一份《一颗彗星的报告》，报告中声称他发现了一颗没有尾巴的彗星。

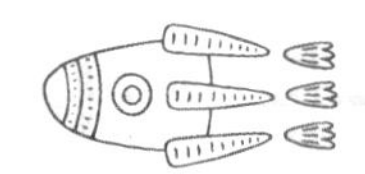

星星博士课堂

难道真的存在没有尾巴的彗星吗？赫歇尔的新发现在天文界引起了轩然大波。很快真相就浮出了水面——赫歇尔发现的不是彗星，而是一颗行星。

好不容易发现一颗新行星，命名自然应该谨慎。赫歇尔建议把新行星命名为乔治星，以此来纪念英国国王乔治三世；大家觉得既然这颗行星是

威廉·赫歇尔

赫歇尔发现的，自然应该叫赫歇尔；有的人认为应该用希腊神话的乌拉诺斯（译成拉丁文的意思是天空之神）命名，中文则称为天王星……就这样，这些名字并存了好长一段时间，直到1850年才把天王星作为这颗新行星公认的名字。就这样，太阳系的新成员天王星诞生了。

天王星是太阳系的第三大行星，体积仅次于木星和土星。它的密度很小，只比土星大一点。它还是太阳系内大气层最冷的行星。

天王星最引人注目的是它的顽皮姿态，它像一个顽皮的孩子一样躺在轨道上运行，因此它的两极在绕着太阳公转时忍受着太阳的炙烤。至于为什么以这种怪异的姿势存在，科学家们猜测，很可能是天王星在刚刚形成时被另一个庞大的天体撞倒了。

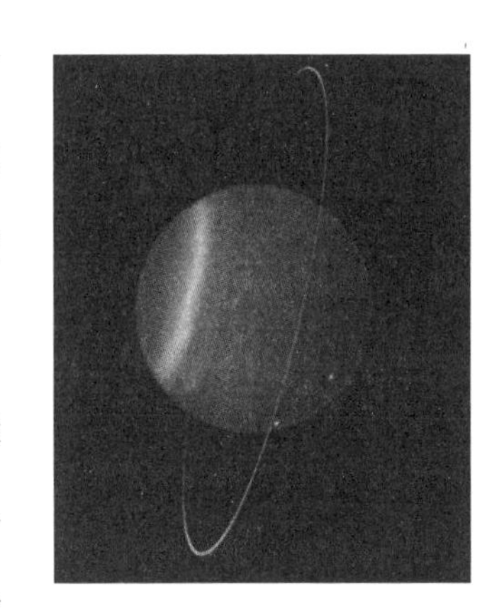
天王星

远远看上去，天王星是一颗整体呈蓝绿色的星球。不过，这种颜色和地球的颜色不一样，地球上因为有海洋、雪山、绿色的植被等，而且地球的大气相对较薄，所以看起来像是一幅蓝色的拼图，而天王星整个颜色看上去十分纯粹。这是因为天王星的大气中富含甲烷，而甲烷对阳光中的红光、橙光具有强烈的吸收作用。这样经天王星反射后的阳光的主要成分都是蓝光、绿光，所以看上去就呈蓝绿色了。

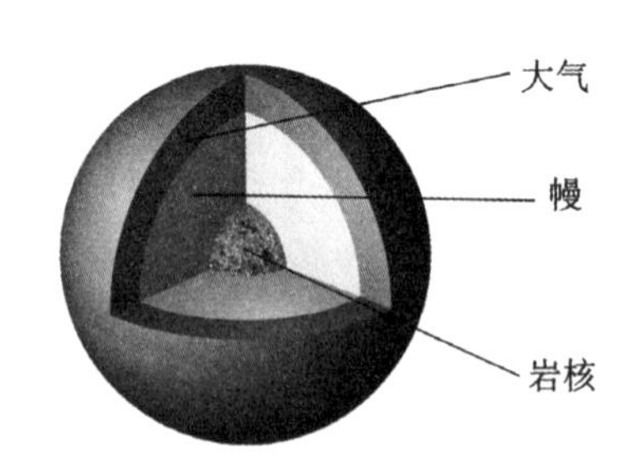

天王星的结构

天王星的结构相对简单，最外层是由氢气、氦气和其他气体组成的大气，往下是水、冰、甲烷和氨组成的幔，最中心的是一个岩核。

因为倾斜角度极大，所以天王星的季节变化特别慢，每84年才绕太阳运行一次，两极中的一极有42年的时间连续享受阳光，剩下的42年只能在黑暗中度过。

趣味知识

关于天王星一直有一个看法，即天王星的云层顶有臭鸡蛋气味。现在人们借助先进的科学仪器和天文学知识终于确认——有着臭鸡蛋气味的硫化氢是天王星的主要成分。这一成果还被发表到了英国的《自然·天文学》杂志上。

行走在太阳系边缘的海王星

课前阅读

从牛顿发现万有引力之后，天文学家就开始利用它来计算行星的运动轨迹。可是当天文学家用它计算天王星的轨道时，发现计算出来的结果和实际观测到的运行轨迹有偏差。这让天文学家感到很苦恼，难道是牛顿的万有引力出了问题？还是说在天王星的周围存在着一颗巨行星，巨行星的巨大引力使得天王星无法按照规划好的轨道运行？

星星博士课堂

虽然计算结果和观测结果之间的差距很小，但是天文学家坚持要找到这个问题的答案。其中三位年轻的天文学家最后攻克了这一难题，而且值得一提的是，有两位是用笔和纸“找”到了隐藏在遥远星空中的海王星。

英国剑桥大学一位名叫亚当斯的学生通过复杂的数学运算发现，在距离天王星不远处存在一颗行星，正是这颗行星影响了天王星的轨道。可是当时皇家天文台台长忽视了这位年轻人的研究成果，随后把他送来的资料丢到了垃圾桶里。

与此同时，法国天文学家勒维烈也在进行这样的研究。相比亚当斯，勒维烈就幸运多了。在他的劝说下，当时柏林天文台的台长约翰·伽勒开始搜寻这颗行星。很快，伽勒就搜寻到了这颗行星的踪迹，并且把自己整理的结果公布于众。当这一消息传回英国的时候，英国皇家天文台台长感到十分震惊，他急忙搜寻到了亚当斯的论文摘要并发表。就这样，伽勒、勒维烈和亚当斯成了海王星的发现者。

勒维烈

海王星是一颗远日行星，它与太阳之间的距离是太阳与地球间的30倍。因为太过遥远，而且反射太阳的光较弱，所以只能用天文望远镜才能看到。

海王星的大小、自转周期和内部结构都和天王星类似，不过因为海王星的上层大气中有很多甲烷，所以海王星的颜色看上去显得更蓝。

1989年，美国航天局发射的“旅行者2号”在海王星上发现了一块巨大的椭圆形云朵，因为形状和木星的大红斑有点相似，只是颜色相对较暗，所以被称之为“大暗斑”。然而，当天文学家于1994年再用哈勃望远镜观察海王星时，却发现大暗斑消失了；几个月之后，天文学家又在海王星的北半球发现了一个新的“大暗斑”。因此天文学家断定，海王星的大气活动十分剧烈，气候变化也比较频繁。

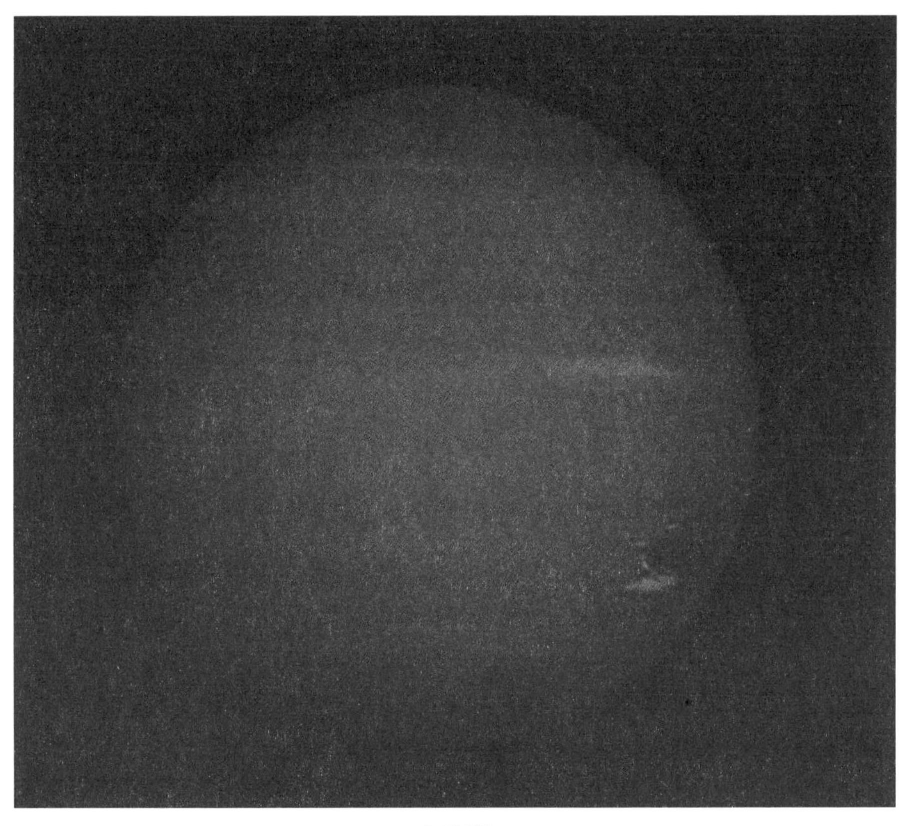

大暗斑

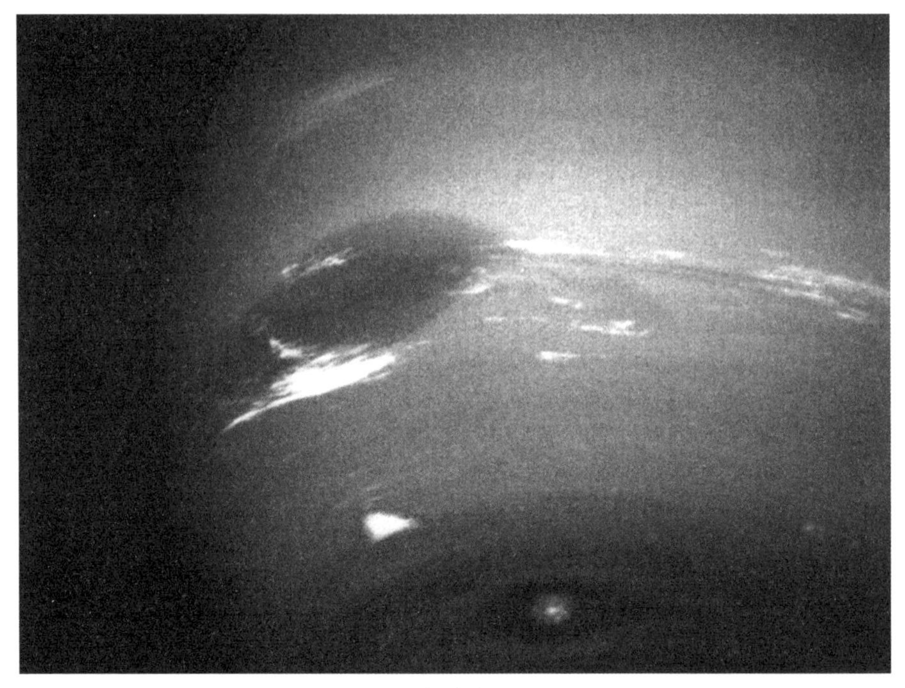

大暗斑

趣味知识

你知道吗？海王星表面可能覆盖着大面积的“钻石海”，而在液体钻石的海面上还漂浮着类似冰山一样的庞大的固体钻石。大家知道要把钻石化为液体需要极大的压力和温度，由此可见海王星表面的压力该有多大，温度该有多高。

太阳系的其他小成员

在整个太阳系家族中还有一些小成员，虽然它们没有行星那般引人注目，但是如果没有它们，太阳系将变得十分寂寥。其中一个小成员是彗星，每当它划过夜空的时候，都会引起人们的惊惧和恐慌，这到底是为什么呢?

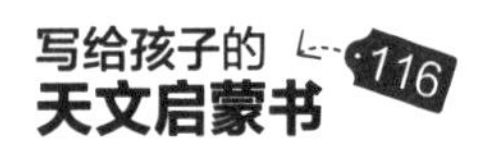

超级造星工厂——小行星带

课前阅读

在火星和木星的轨道之间有一个巨大的间隙，这个巨大的间隙引起了天文学家的注意。这么大的宇宙空间里会不会隐藏着一些不易被观察到的行星呢？

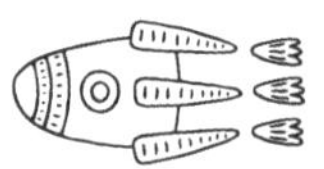

星星博士课堂

很久以前，意大利天文学家皮亚齐正在聚精会神地观测星空。突然他的目光停留在了一个小亮点上，这个小亮点难道是一颗新的行星？经过反复观测和计算，皮亚齐确定这是一颗小行星，并将它命名为“谷神星”。

皮亚齐

谷神星是第一个被发现的小行星，直径为932千米，不过谷神星并不属于典型的小行星，现在已经被归为矮行星。在皮亚齐发现谷神星后不久，来自德国不来梅的天文学家在同一区域内也发现了一颗小行星，随后将其命名为智神星。就这样，一颗颗小行星被发现了。

小行星带是太阳系内位于火星和木星轨道之间的小行星密集区域。从距离太阳约2.54亿千米处开始一直延伸到约5.98亿千米处。

目前，大约有20万颗小行星被确定，那些没有命名、直径超过1千米的小行星就有数十亿颗！它们都在小行星带上，可以说小行星带是一

小行星带

个超大的造星工厂。

那么，为什么会形成这样一个庞大的造星工厂？主流的观点认为：在太阳系形成初期，由于某种原因，在火星与木星之间的这个空当地带未能积聚形成一颗大行星。之后这些残骸想要重组，但是在木星的引力拉扯下不断互相碰撞，始终没有成功，于是就形成了环带中的无数小天体。

那么问题来了，当探测器穿过小行星带时会不会被撞击呢？其实科学家早前也有这方面的担心，不过后来看到几艘飞船都安然无恙地穿过小行星带后便打消了顾虑。小行星之间的距离通常有数千千米，而飞船不过几米，所以根本不用担心撞上小行星。

趣味知识

你知道小行星撞击地球的可能性有多大吗？平均几千万年发生一次有可能使人类灭绝的撞击；平均每数十万年发生一次危及全球1/4人口生命的撞击；平均每100年发生一次大爆炸。不过因为月亮和木星的存在，才阻止了许多小行星接近地球。

拖着长尾巴的彗星

课前阅读

公元1066年，在诺曼人即将大举进攻英国前，英国国内已经人心惶惶。恰在此时，哈雷彗星拖着长长的尾巴划过夜空，许多人都看到了这一幕。自古以来彗星都被看作是灾难的象征，所以英国人认为这是造物主对即将发生的战争的预示。英国人由此士气低落，骁勇善战的诺曼人很快攻下了英国。为了庆祝胜利，诺曼军队统帅的妻子还把哈雷彗星绣在了毛毯上。

星星博士课堂

你一定听过大名鼎鼎的哈雷彗星，也知道它并不是灾难的象征，只不过是一种正常且有规律的天文现象。哈雷彗星是人类首颗有记录的周期彗星，大约每76年光顾地球一次。在中国、古巴比伦和中世纪的欧洲都有对哈雷彗星的记载，不过当时人们并不知道这是同一颗彗星。

彗星是进入太阳系内亮度和形状会随日距变化而变化的绕日运动的天体，在接近太阳时会变成一个巨大的头拖着一条长尾巴的样子。

不过，在广袤的宇宙中，很多彗星并不会成为地球的常客，有的彗星就像太阳系的“过路客人”，一旦离去，我们就再也看不到它的身影。

彗星

彗星通常被称作“扫帚星”，主要由雪和岩石组成。典型的彗星分为彗核、彗发和彗尾三个部分。其中彗核是彗星唯一的固体部分，直径一般在几千米到几十千米之间，有的却只有几百米。彗发围绕在彗核周围，呈云雾状。彗发的主要成分是气体和尘埃微粒，一般可蔓延至10万千米宽。彗核释放出的气体和尘埃被太阳风刮走形成了彗尾，彗尾在太空中通常可绵延上亿千米。不过彗星无论是飞向还是飞离太阳，彗尾总是指向天空。

趣味知识

1994年6月16日至22日期间，苏梅克-列维9号彗星与木星来了一次亲密接触，当时的宇宙飞行器、多架大型天文望远镜和几千架小型天文望远镜都捕捉到了这一场景。当拍摄到的图片被传到网络后，网络瞬间瘫痪。

神秘的柯伊伯带

课前阅读

1781年，威廉·赫歇尔发现了天王星。在观测天王星的过程中，天文学家发现它的轨道运动很怪异，好像被什么引力拉扯着，就这样人们又发现了海王星。不过海王星的轨道运动同样透着古怪，结果导致了冥王星的发现。就这样人类对太阳系的探索一步步向着太阳系边缘进发。现在人们已经借助“新视野号”探测器到达一片新“大陆”——柯伊伯带，这究竟是怎样的一片区域呢？

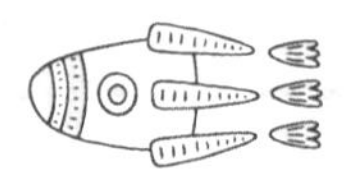

星星博士课堂

在太阳系内，彗星平均沿轨道运行100次后就会被蒸发而消失殆尽，而如果在飞行过程中遇到碰撞，消失场面则会更加壮观。但是几千年来，人类依然不停地发现一颗又一颗彗星造访地球。这些彗星是从哪里来的呢？

20世纪50年代，美国天文学家杰拉德·柯伊伯给出了这样的解释：

在海王星轨道以外的太阳系边缘地带，有许多围绕太阳运行的尘埃冰冻体。这些大大小小的冰冻体大多按照自己的轨道运行，但是也有一些调皮的家伙经受不住外行星或者恒星的引力诱惑，脱离原来的轨道飞向太阳，成为进入太阳系内层的彗星。这片地带是公转周期较短的彗星的故乡，人们为了纪念柯伊伯的发现，就把这块区域称为柯伊伯带。

杰拉德·柯伊伯

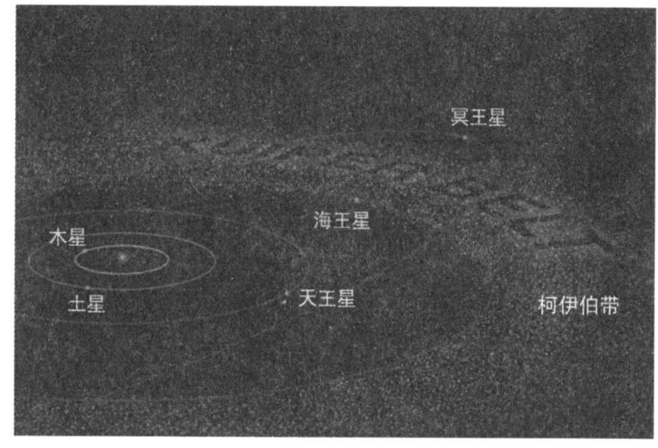

柯伊伯带

1992年，人们发现了第一个柯伊伯带天体（KBO），这次发现不仅印证了柯伊伯的发现，还鼓舞了热衷于寻找太阳系新行星的天文学家。2016年1月，“新视野号”探测器发射升空，经过9年的漫长旅行，终于到达了柯伊伯带，对冥王星及其卫星，以及其他柯伊伯带天体进行探测。至于为什么要探测冥王星，是因为冥王星虽然已经被排除在八大行星之外，但仍然是柯伊伯带中数千颗冰冻小天体的“领头羊”。至于柯伊伯带里究竟还藏着什么样的秘密，还需要“新视

“新视野号”探测器

野号”的进一步探索。

趣味知识

柯伊伯带是在海王星轨道外黄道面附近、天体密集的中空圆盘状区域。截至2008年，在这里已经发现了1 000多颗冰冷的天体。

陨石坑的“肇事者”跑哪儿去了

课前阅读

1908年6月30日的早晨，西伯利亚通古斯地区的俄罗斯人还在梦乡中。突然，一个燃烧着的怪物冲破大气层，拖着长长的烟火尾巴砸进一处沼泽密林中。巨大的火柱冲天而起，强大的冲击波掀倒并烧毁了方圆几十千米的杉树林。人们从睡梦中被惊醒，有人认为这是一颗巨型陨石陨落造成的，但是撞击后的陨石去了哪里呢？

星星博士课堂

每年大约会有3 000块重量超过1千克的太空岩石落在地球表面。好在绝大多数陨石都落在海洋、山区、森林、沙漠等人烟稀少的地方。有些陨石会被人们发现并搜集起来，而有的则可能需要数年甚至是几个世纪才能被发现。

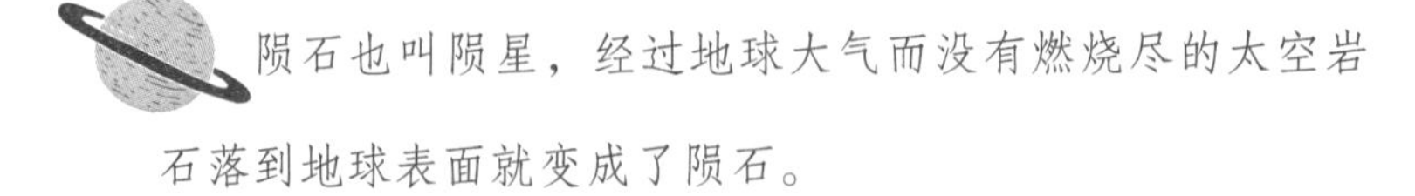

陨石也叫陨星，经过地球大气而没有燃烧尽的太空岩石落到地球表面就变成了陨石。

陨石分为三种类型：铁陨石、石陨石和石铁陨石。顾名思义，铁陨石里面含有铁，实际上除了铁还含有镍金属和一些矿物质。石陨石质地是石质的，是地球上发现最多的陨石。石铁陨石则是铁和石头的混合物。地球的这些天外来客并不稀奇，最让人们好奇的是其他星球的陨石，因为至今很少发现它们的身影。现在回想一下被陨石撞击得千疮百孔的水星，又或者是月球上巨大的陨石坑。为什么在这些星球上只见陨坑而不见陨石呢？现在我们模拟一下陨石撞击某天体的情况。

陨石

第一种情况，陨石撞上小天体。如果小天体的引力较弱，那么陨石在小天体上留下一个陨石坑后会被弹起来。接着再撞个坑，再被弹起来。在某一次的撞击过后，陨石终于可以脱离小天体的束缚逃之夭夭了。

美国亚利桑那州巴林杰陨石坑

第二种情况，陨石密度大，天体表面物质密度小。这就像把一个铁球扔到松软的土堆上，掉落下来的陨石可能会直接钻进土窟窿。至于钻到了哪里，谁也不知道。

第三种情况，陨石和地表一样硬。当一颗质地坚硬的陨石以每秒十几千米甚至几十千米的速度撞击地表时，要么陨石把自己撞碎，碎片散落到各个地方，要么巨大的能量产生高温把陨石融化。

第四种情况，大块陨石撞击天体。当陨石的体积足够大，而陨石和天体的密度相差不大时，往往会发生一场大爆炸。巨大的冲击力会把陨石或是接触面的表面融化。这时会形成巨大的陨石坑，绵延几百千米甚至几千千米。月球上的“月海”其实就是巨大的陨石坑。虽然在陨石坑中看到陨石不是没有可能，但是概率比较低。

当然，如果陨石的尺度再大一点，甚至可以把撞击对象撞掉一小块。人们猜测当年月球就很可能是地球的一部分，只是因为遭受到了巨大的撞击才被撞到了现在的轨道上。

趣味知识

当宇宙尘埃或碎片从夜空中匆匆划过时，大部分会燃烧殆尽，一小部分没燃烧完的会落在地球上，成为微陨石。挪威爵士音乐家乔恩·拉森收集了500块微陨石，并在矿物学家简·布莱利·基尔的帮助下给这些陨石都拍了照片。当陨石被放大3 000倍后，我们能看到每块陨石都有自己独特的形状和质感。有的像玻璃一样透明，有的带有如被雕饰过的由铁、镍、铬构成的闪耀珠状物。

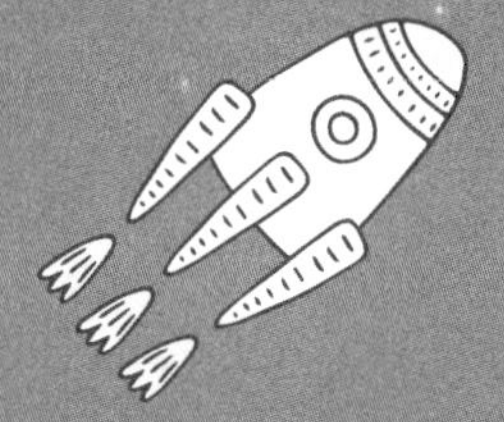

第三部分　走吧，去银河系转转

和宇宙一样古老的银河系

在晴朗的夜晚，除了满天的星星外，最引人注目的就是一条闪闪发光的银白色光带。如果用天文望远镜观察，就能看到密密麻麻的恒星。这条像河流一样的银色光带就是我们所在的银河系。

银河与银河系不是一回事儿

课前阅读

从前有个忠厚老实的小伙子叫牛郎，牛郎很勤劳，终日与老牛相伴。一次在老牛的指点下取走了在湖中洗澡的织女的衣裳，因此与织女结下了姻缘。这件事被王母娘娘知道后，把织女捉回了天上。牛郎在老牛的帮助下去追织女。王母娘娘见牛郎追来，摘下头上的金簪一挥，一道波涛汹涌的天河把牛郎与织女隔开。他们的忠贞爱情感动了喜鹊，千万只喜鹊飞来搭成鹊桥，让牛郎织女走上鹊桥相会。王母娘娘对此很无奈，只好允许两人在每年七月七日于鹊桥相会。

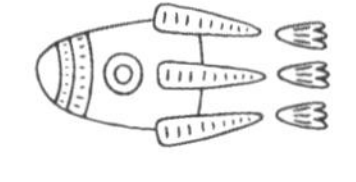

星星博士课堂

晴朗的夏夜，当你抬头仰望天空的时候，不仅能看到无数闪闪发光的星星，还能看到一条淡淡的纱巾似的光带。古人还给它取了一个好听的名字叫作天河。古代诗人就更加有诗意了，比如曹操在诗歌中称它为

“星汉”，还有诗人叫它“星河”“天川”。

可是美丽的神话故事并不能给出一个科学的解释。那些散落在银河里的小光点究竟是什么呢？这个问题是由伟大的天文学家伽利略解决的。他用高倍望远镜发现，原来这些小光点是星空中大大小小的恒星。这些恒星只因离我们太远，我们才把它看成了一条明亮的光带。

牛郎与织女

我们看到的银河只是银河系的一部分，是银河系在天空中的投影。所以银河和银河系不是一回事儿。

银河系是一个旋转着的、直径达10万光年的旋涡星系。

如果从上往下俯瞰银河系，它有点像夜晚闪烁着灯火的城市。在这座巨大的“城市”中，太阳只是4 000亿个恒星居民中的一个，而我们的地球只是一颗很小很小的行星罢了。

要想在小小的地球上观看银河，是需要注意观测时间的。一般来说，6月到9月这个时间段银河特别明亮，适合观测。

灿烂的银河

趣味知识

你知道吗？在人们还没有确切认识银河系的时候发生过一些趣事。比如，大约公元前500年，古希腊人认为银河系是从天后赫拉的乳房流出的一股乳汁，称为“kiklos galaxias”，翻译过来叫“银环”。

内扁外圆的银河系

课前阅读

刚才讲到，古希腊人把银河系当成了天后的乳汁，这实在令人啼笑皆非。直到17世纪，伽利略用天文望远镜观测时才看清了带状的银河。不过，关于银河系究竟是什么形状的，一时间众说纷纭。18世纪，英国的一位科学家把银河系描述成一个空心的大球。德国哲学家伊曼努尔·康德觉得银河系应该像太阳系那样，所有的恒星围着太阳转。那么，银河系究竟是什么形状呢？

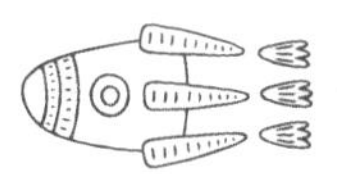

星星博士课堂

现在我们已经知道，康德的说法明显是错误的，因为太阳系并不是银河系的中心。英国天文学家赫歇尔也犯了同样的错误，把太阳系放在了银河系的中心。

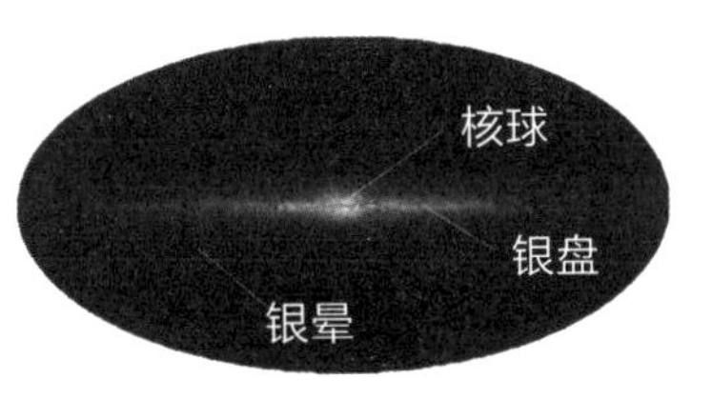

银河系侧视图

赫歇尔虽然受到了康德的影响，但还是描绘出一副轮廓不齐而中心鼓起的扁平状圆盘式结构。这一点已经进步了很多。

后来人们意识到，借助观测很难精确描绘出银河系的形状，因为银河系实在是太大了，天文望远镜只能观测到银河系的一部分。只有先弄清楚银河系的大小，然后通过计算才有可能弄清楚它具体的形状。可是那时候还没有计算恒星间距的办法，自然也就没法知道银河系的大小。

100多年过去了，天文学有了长足的进步。经过天文学家们的努力，终于测出了银河系的直径大约为10万光年。就这样，人们视野中的银河系越来越清晰，银河系的真正面目终于被揭开。从侧面看，银河系像一个体育锻炼用的大铁饼，扁平的部分叫作银盘。银盘是银河系的主要组成部分，主要由恒星、气体和尘埃组成。银盘周围是一个巨大的球形区域——晕，也叫银晕。

铁饼中间是一个凸起的核球。核球包含着许多老而冷的恒星，它们呈红色或是暖色，为银河系增添了一抹暖色。

趣味知识

你知道吗？银河系像一个在不停自转的陀螺，而且各个部分自转的速度也不一样。其中核球区域和边缘地带转速较慢，而它们之间的区域转速较快，可以高达250千米每秒。其中，太阳就是一颗快速移动的恒星。

八爪鱼一样的银河系旋臂

课前阅读

宋代大诗人苏轼有一首《题西林壁》：“横看成岭侧成峰，远近高低各不同，不识庐山真面目，只缘身在此山中。”试想一下，在广袤的银河系中，我们人类是如此的渺小，我们从地球上观测银河就仿佛身在庐山中，不能看清银河系的全貌。从侧面看，银河系像一个体育锻炼用的大铁饼，那么到银河系上空俯瞰又是怎样一番壮丽的景象呢？

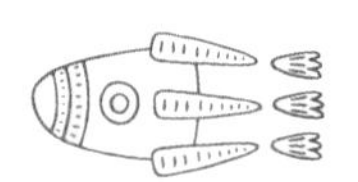

星星博士课堂

如果有一天你坐上宇宙飞船飞到银河系的上空，你会惊奇地发现，银河系像一只巨大的八爪鱼，好几条长长的手臂按照逆时针方向从核球旋转出来。天文学上将它们称为“银河旋臂”。

银河系是旋涡形星系，有多条银河旋臂，旋臂内含有许多炽热的蓝白色年轻恒星，发出明亮的光芒。

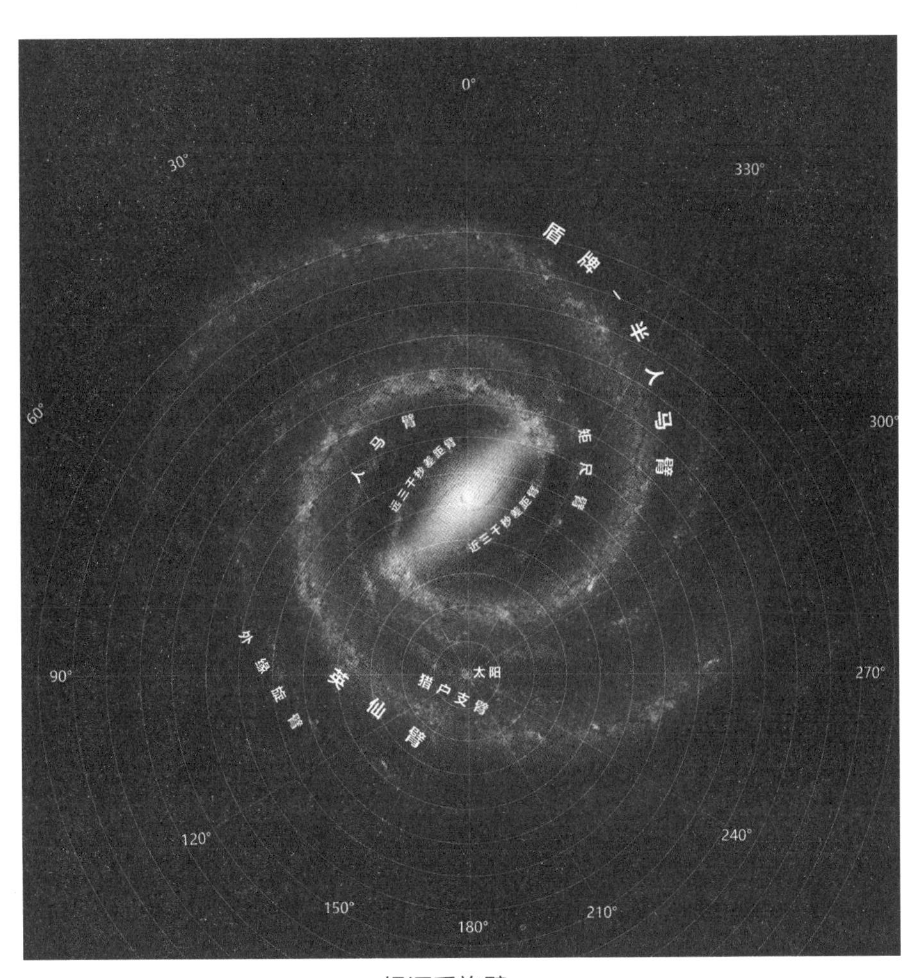

银河系旋臂

我们身在银河系中，当我们在地球上观测银河系远侧的时候，遥远的距离和星际间的尘埃、气体会阻挡我们的视线。所以，传统的光学方法就受到了限制。与光学望远镜相比，射电望远镜可以穿透尘埃云，所以关于银河系旋臂的知识主要来源于射电观测。在太阳附近，射电观测探测到三段旋臂，即英仙臂、人马臂和猎户臂。其中英仙臂是主要的外缘旋臂；人马臂是靠内的主旋臂。我们生活的太阳系靠近猎户臂（也叫猎户支臂）内侧，位于人马臂和英仙臂之间。

20世纪70年代，人们通过探测银河系一氧化碳分子的分布，发现了三千秒差距臂。这些旋臂大都由年轻的恒星、发光的气体云、尘埃星云和致密而黑暗的分子云组成，是恒星诞生的摇篮。

由于银河系如此之大，人们要想完全认识还需要进一步的探测。至于银河系究竟有多少旋臂，目前来说还不能完全确定。

趣味知识

人们一直认为银河系里的旋臂是光滑规则的，可是人们在猎户臂上发现了一条凸起，它从猎户臂一直延伸到人马臂，就像一座桥一样。人们猜测，银河系里的旋臂拥有许多类似的“分叉”或“桥梁”。

银河系的“心脏”——银心

课前阅读

英国天文学家赫歇尔经过长期观测，绘制了一幅银河系结构图。可是赫歇尔只是以自身所在的区域为中心来认识和了解整个银河系，就像当年亚里士多德等人坚持的地心说一样。接下来我们就探秘一下银河系的“心脏”——银心。

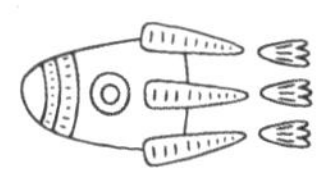

星星博士课堂

在夏夜的星空中，如果顺着人马座的方向寻找，就能找到核球，而被核球包裹着的就是银心。银心位于银河系的中心区域，主要由一百亿年以上的老恒星组成，银河系的其他部分都绕着银心旋转。

为了探测银心，天文学家采用了红外线观测技术。不过，即使使用的是最先进的技术，在观测时还是会遇到很大的困难。首先大气层会对红外线有强烈的吸收作用。为了防止红外线被吸收，人们把红外线观测望远镜装到了卫星上、空间站里。

突破了这道难题后，人们又发现望远镜本身作为一个红外线热源，会对观测目标产生干扰。这该怎么办呢？人们想了一个办法为望远镜降温，即在望远镜的身上装配一个体积远超自身的包裹，里面放上液氦制冷剂。经过这两道工序后，红外线望远镜终于开始执行观测使命。

天文学家使用中性氢21厘米谱线等技术手段逐渐揭开了银心的神秘面纱。

中性氢21厘米谱线是射电天文望远镜观测到的第一条谱线，是研究星际中性氢原子分布、银河系和河外星系结构的重要手段。

在距银心四千秒差距处发现一条旋臂，即三千秒差距臂（实际上是近三千秒差距臂），这条旋臂正在以53千米每秒的速度向太阳系移动；而在另一侧也发现了三千秒差距臂（实际上是远三千秒差距臂），它正在以153千米每秒的速度远离银心。

继续往银心走是距离银心300秒差距的氢气盘，它一边围绕银心高速旋转，一边向外膨胀。继续往前走，就到了距离银心70秒差距的电离氢区。这块区域一边向外涌出大量气体，一边发出强烈的同步加速辐射。小心漫步，现在我们来到了距离银心仅为1秒差距的地方，我们发现在银心区域有超大质量的致密核。这里似乎更加狂躁，仿佛有一种神秘的力量在拉扯着一切。

哈勃太空望远镜

趣味知识

在距离银心不远处，恒星和星际间的气体都在高速运转。如果没有一个超大质量的物体吸引，这些气体和物质就很可能被甩飞出去，这就说明银心区可能存在着一个质量巨大的黑洞，其质量大约是太阳的250万倍。

星空中恒星的奥秘

每当夜幕深垂，天穹中挂满了点点繁星时，我们就会陷入深深的思考中。这些闪烁的星星是永恒不灭的吗？古人和我们一样也在思考这个问题，而且他们认为星星在天空中的位置是不变的，所以取名为“恒星”。那么，古人说得对吗？

什么是恒星

课前阅读

每当天气晴朗的夜晚，繁星点点的灿烂星空总会引起人们无穷的好奇和猜想。在肉眼可见的满天群星中，除了几颗大行星外，绝大多数都是恒星。那么究竟什么是恒星呢？

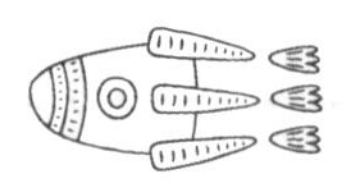

星星博士课堂

我们可以从天文望远镜里清楚地看到月球、土星、木星等天体的表面特征，但是对于除太阳外的其他恒星，无论你用多大倍数、多么先进的天文望远镜，都只能看到一个明亮的点。

恒星夜空

恒星究竟是什么？单从字面上看，恒星好像指的是恒定不动的星。在古人的认知里，恒星的确是不动的，所以才取名为恒星。

恒星，是指宇宙中靠核聚变产生的能量而使自身能发热发光的星体。其中，太阳是最接近地球的恒星。

恒星的本质在于它们能够自己发光发热，而人们经常说的行星、彗星、卫星等天体是不能自己发光发热的，它们只能靠反射太阳光才能被人们所见。其实在浩瀚的繁星世界里，太阳只是一颗非常普通的恒星，只因离我们最近，所以才成了天空中最亮的天体。其他恒星因为离我们极其遥远，所以就变成了一个个闪烁的亮点。实际上它们可能比太阳的体积大得多。

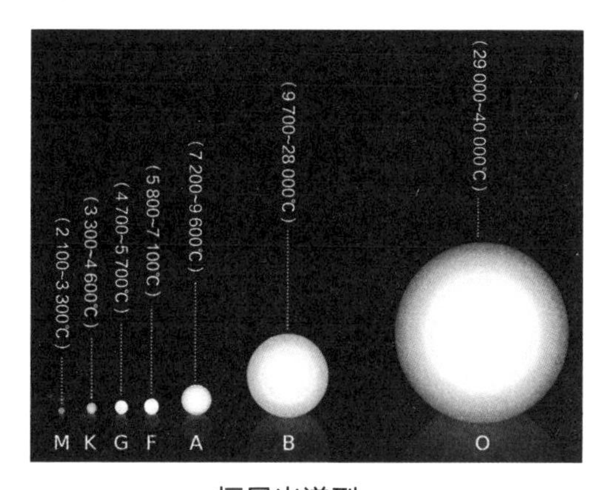

恒星光谱型

一般来说，恒星的体积相对于行星来说非常巨大，地球的直径约为13 000千米，而太阳的直径是地球的109倍。然而，在恒星的世界里，这根本不算什么。巨星的直径是太阳的几十到几百倍。超巨星就更大了，有一颗叫“仙王座VV α”的超红巨星，直径大约是太阳的1 600倍，体积大约是太阳的40亿倍，是恒星中的巨无霸。

天文学家按照恒星的温度和大小对恒星进行了分类。蓝白色的恒星表面温度高达三四万摄氏度，体积最大；而橙红色的恒星表面温度只有二三千摄氏度，体积最小。天文学上将恒星分为七大光谱型：O、B、A、F、G、K和M。其中O型温度最高，M型温度最低。每个光谱型又细分为10类，编号为0到9（从热到冷），太阳属于G2型。

相对来说，恒星质量的差别要小得多。太阳的质量约2×10^{30}千克，是地球的 33万倍，但在恒星中仅处于“中游”水平。

趣味知识

星空中的恒星会相撞吗？恒星相撞要满足两个条件，一个是两颗恒星距离非常近，近到它们之间的引力能够影响距离。另一个是两颗恒星的运行方向相反，且角度不能偏差太多。不过，同时满足这两个条件的概率很小。

恒星是永远不动的吗

课前阅读

上一节我们讲到，古人早就注意到天上星星的位置几乎是不变的。一个人从儿童时代看到北斗七星是什么样子，到他耄耋[①](mào dié)之年的时候，北斗七星的形状还是什么样子。古人因此认为星星是不动的，所以取名叫恒星，其中的“恒”是永久不变的意思。那么，恒星真的不动吗？

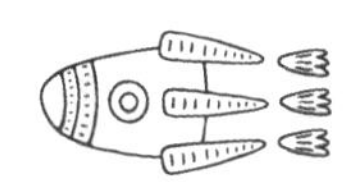

星星博士课堂

英国有个名叫哈雷的天文爱好者，他毕业后没有留在英国工作，而是只身一人远洋航行到南太平洋一个荒凉的小岛上去观测南天的恒星。经过数年的观测，哈雷终于有了一项重大发现，他发现几颗亮星的位置移动了！难道是古人的观测有误吗？哈雷找来了几位天文学家的资料，

①耄耋，指老年、高龄（耄：八九十岁的年纪）。

经过对比后做出了一个大胆的猜测——恒星本身也在运动。

当哈雷将自己的研究结果公之于世时，却遭到了当时天文学家的反驳；甚至在他逝世以后，关于他的纪念文章里几乎没有提到任何关于这一发现的研究内容。直到几十年后，意大利天文学家用更精良的天文望远镜测定出许多恒星的位置，才证实了哈雷提出的恒星自行的论断是正确的。

恒星在宇宙空间中的相对位置会随着恒星的运动而变化，科学家将其称为“恒星的自行”。

恒星每时每刻都在运动，而且恒星运动的速度快得超乎我们的想象。我们之所以看不到，是因为恒星离我们太远了，这就好比我们从很远很远的地方看火车，觉得火车也没有多快，然而火车上的人此刻却正在感受着飞一般的速度。离地球最近的恒星比邻星距离地球大约是40万亿千米。如果用最快的宇宙飞船到比邻星去旅行，来回大约要17万年。相对于这么远的距离来说，比邻星的移动看起来微乎其微。

虽然我们很难看出恒星的运动，但是恒星的自行能够改变星座的形状。天文学家通过精确计算恒星的位置变化，还能推算出星座在过去和未来的变化。比如，天文学家推算出10万年前的北斗星的“柄”更直，现在“柄”的一端在下沉，而再过10万年，北斗七星的整个勺子形状都会发生改变。

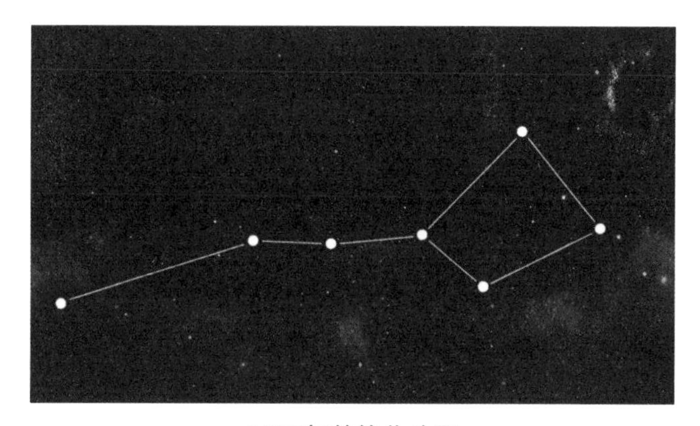

10万年前的北斗星

如今的北斗星

10万年后的北斗星

趣味知识

天文学家是如何测出恒星的移动速度的呢？原来当恒星向地球移动时，恒星发出的光的波长变短，远离地球时波长变长，于是人们通过测量波长的变化就能计算出恒星自行的速度。

不用望远镜能看到多少颗恒星

课前阅读

有句歌词是这么唱的："不要问我星星有几颗，我会告诉你很多很多……"那么，很多是多少呢？你可能会立马反驳：天上的星星大大小小、密密麻麻，哪能数得清啊。然而，说来令人难以置信，如果不借助天文望远镜的话，天上的星星也是能数清的！

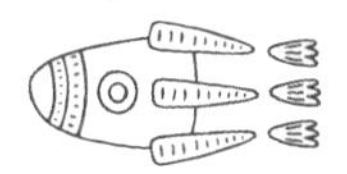

星星博士课堂

我们是根据星星的亮度来数星星的，那些亮度很低，看不见的星星只能借助天文望远镜来观测。所以只要是比肉眼能看见的最低亮度高的星星，我们都能看见。这么一来，星星也就能数清了。

公元 2 世纪，当时古希腊的天文学家喜帕恰斯（又名依巴谷）按照星星的亮度给星星分了等级。把最亮的星星列为1等星，接着是2等星、3等星，直到肉眼能看到的最暗的6等星。这种根据星星相对亮度不同给星星分的等级，叫作星等。

星等是表示天体相对亮度的数值，代表符号为m。星等值越小，星星越亮；星等值越大，星星越暗。

喜帕恰斯做出的贡献是卓越的，这种把星星按照亮度分成6个等级的局面一直持续了1 400多年。直到伽利略用天文望远镜观察星空时才发现，还有比6等星暗的星，于是星等的概念被拓展到7等星。

后来，人们发现竟然还有比1等星更亮的星，于是就出现了0等星。我们熟知的织女星就是一颗0等星。0等星就是最亮的了吗？当然不是，人们又发现了比0等星还亮的星——负等星，用“-”表示。比如，天狼星（天狼星一般指天狼星A）是一颗-1.4等星，而金星更亮，亮度达到了-4。

天狼星是夜空中最亮的恒星

理论上讲，我们的肉眼能够看到的恒星有5 000～6 000颗，这些恒星只有一半会出现在地平线上，另一半则在地平线以下，再加上天气原因或是城市中霓虹的干扰，能看到的星星又会减少很多。

趣味知识

太阳的星等为-27，老人星的星等是-0.6，织女星的星等为0，北极星的星等是+2。双目望远镜能看到的最暗恒星为+9，而巡天照片上能看到的最暗恒星为+22。这些常识都记住了吗?

热闹的恒星家族——星团

课前阅读

《西游记》中有这样一个片段：唐僧师徒四人在毒敌山琵琶洞被蝎子精困住，孙悟空、猪八拼力反抗，却屡战屡败，最后在昴（mǎo）日星官的帮助下得救。原来昴日星官本相是一只大公鸡，而大公鸡正好是蝎子的天敌。昴日星官为什么是只大公鸡？因为在“二十八宿”[①]中，昴宿本来就是“昴日鸡”，在天文学上则称为昴星团。

星星博士课堂

宇宙中的恒星并不孤单，我们在星空中看到的恒星总是成对出现，或是布状分布在一起。当两颗不是真正相邻的恒星看上去像是成对儿出

---

①二十八宿是中国古代天文学家的重要创作。它把天空中可见的星分成东、南、西、北四方各七宿，且每个星宿背后都对应一个动物，“昴”对应着鸡，就叫“昴日鸡”。

现时，被称为“双星”，而数量众多的则被称为星团。宇宙中大大小小的星团就像一个个规模各异的恒星家族。那么，天文学家是怎么来划分恒星家族的呢?

按照恒星的数量和整体形态来分，星团大致可以分为两类：疏散星团和球状星团。

比较常见的是由十几颗到上千颗恒星组成的，结构松散、形状不规则的疏散星团。疏散星团的主要成员是蓝巨星，蓝巨星多数分布在银河系的旋臂中。虽然现在银河系中已经发现了1 000多个疏散星团，但是银河系中疏散星团的数量远远不止于此。由于星际尘埃和气体云的遮挡，我们目前只能看到部分旋臂的结构。根据天文学家推测，银河系中疏散星团的总数有1万到10万个。

昴星团是疏散星团里最亮眼的，它包含大约100颗恒星，其中我们用肉眼能看到 7 颗。不过，这7颗中有一颗星星有点灰暗，并不是谁都能看到的。因此，你完全可以用它来检验

昴星团

视力的好坏或是天气的晴朗情况。

然后是由上万颗到几十万颗组成的，整体像圆形，中心致密的球状星团。如果把疏散星团比作恒星家族里的小家庭，那球状星团可谓不折不扣的老家族。因为它们的成员年龄实在是太老了，通常都在100亿年以上。这些家族非常庞大，通常一个球状星团包含的恒星数量是疏散星团的1 000多倍。从远处看，就像隔着玻璃看一个又大又亮的电灯泡。

球状星团不愧是有实力的老家族，它们牢牢占据了银河系中央核球周围的球形区域，甚至连远处的银盘上都有它们的身影。其中最亮眼的是半人马座ω星团，这是一个拥有100万颗恒星的大块头；而且它的成员中竟然存在着一些十分年轻的恒星，这与其他死气沉沉的球状星团家族形成了鲜明的对比。

半人马座ω星团

趣味知识

天文学家埃德蒙·哈雷发现半人马座ω星团时，误将其认作了一颗恒星，后来才被英国天文学家赫歇尔纠正过来。这个巨大的星团远在180光年之外，位于南半球或是北纬25°以南的地区，在秋夜能看到。

恒星的孕育所——星云

课前阅读

1764年的一个晚上，天气格外晴朗，正是观测星空的好时机。法国天文学家梅西耶坐在天文望远镜前观测星空，他的目标是星际间的彗星。整个晚上快要过去了，他一颗彗星也没有见到。正当梅西耶收好天文望远镜准备去睡觉时，他忽然注意到天文望远镜里出现了一块云雾状斑块。但它不是彗星，不是行星，更不是恒星，那它究竟是什么呢？

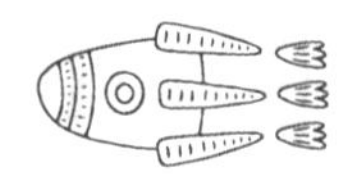

星星博士课堂

18世纪的天文学家梅西耶发现，恒星际空间并不是一无所有的真空，而是充满了形形色色的物质——星际气体、尘埃、粒子流、磁场等，像一个巨大的杂货铺。这些星际物质分布是不均匀的，有的地方气体和尘埃比较密集，总是呈现出一种模糊混沌的状态，天文学家把它们统称为“星云”。而梅西耶发现的云雾状斑块正是星云的一种——行星状星云。

从形态上讲，星云分为弥散星云、行星状星云和超新星遗迹。其中弥散星云可分为亮星云（发射星云和反射星云）和暗星云。

猎户座大星云

弥散星云中最耀眼的当属发射星云了，因为它可以通过紫外线辐射使星云中的气体发生电离，从而让整个星云看上去都在发光。著名的猎户座大星云就是一个发射星云。反射星云就低调很多，它们只能通过吸收和反射附近恒星的光芒来发光。暗星云就更低调了，它们终日隐藏在黑暗中，如果不借助其他亮星的帮忙，恐怕要被埋没在黑暗中了。

“没有形状，没有明显的边际，且广袤稀薄。”这是人们对弥散星云的第一印象。不过不要小瞧这块物质稀疏的区域，它可是孕育恒星的摇篮。弥散星云的内部会因强大辐射的挤压而坍缩，随着坍缩的不断进行，星云的密度越来越大，接着在引力的牵引下旋转成为球状体。经过数百万年的演化，恒星宝宝便诞生了，这时的恒星叫作原恒星。

星云既是孕育恒星的摇篮，又是恒星的长眠之地。行星状星云就是老年恒星和死亡恒星的产物。作为最后的谢礼，老年恒星在结束生命后像花一样绽放在星空中，所以大部分行星状星云的颜色都十分壮丽，如天蝎座蝴蝶星云。

哈勃望远镜下的蝴蝶星云

有一些大质量的恒星在死亡的时候会发生剧烈的爆炸，最终只剩下一个恒星的内核。这便是宇宙中最壮丽的超新星爆发，而爆炸后残留的遗骸变成了无比绚丽的星云——超新星遗迹。由此看来，超新星遗迹也是恒星衰亡后的产物，其中最出名的是蟹状星云。

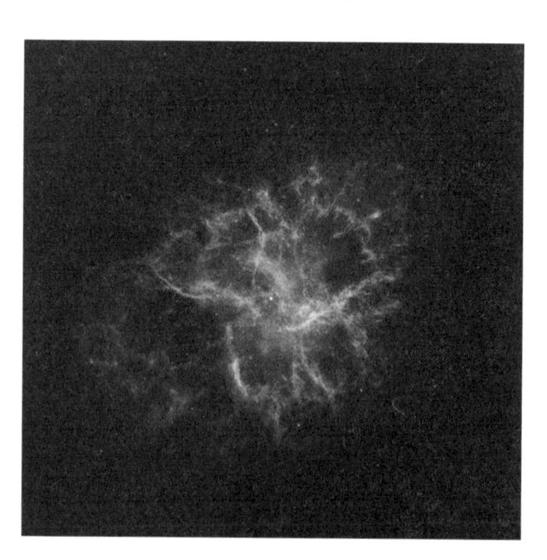

位于金牛座的蟹状星云

趣味知识

在恒星诞生过程中有一个奇怪的现象：质量越大的恒星，从开始形成到诞生所用的时间越短；而质量越小的恒星需要的时间越长。两者之间的时间差会达到数亿年甚至数十亿年。

恒星的多种死法

课前阅读

就像人有生老病死一样，宇宙中的恒星也逃脱不了灭亡的命运。每一颗恒星都有属于自己的传奇。从最开始在尘埃和气体云中孕育而生，到发生核聚变成为主序星。在历经生命中90%的时光后步入晚年，或成为红巨星，接着变为白矮星；或成为超新星，在生命的最后时光上演一场悲壮的烟火秀；又或是变为中子星或是黑洞……

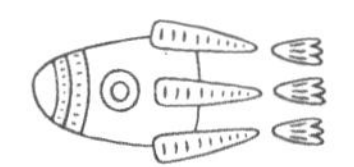

星星博士课堂

上一节我们讲到恒星诞生于宇宙中的星云，刚诞生的恒星宝宝（原恒星）充满了能量与活力——开始发生核聚变反应，并向外源源不断地辐射热量。在此之后的数百万年到数亿年间，它们会不断地燃烧自己，这段时期称为主序星阶段。等它们所含的氢逐渐燃烧殆尽，便开始步入老年。

恒星的质量决定了恒星的寿命，因此可以说，恒星似乎从一开始就设计好了自己一生的剧情。

对于小质量的恒星，主序阶段结束后会剧烈膨胀。回想一下之前我们讲到的恒星光谱，温度越低，颜色越接近红色。在恒星不断膨胀的过程中，较外部的先被冷却，所以恒星表面温度降低，颜色变得比原来更红。于是，恒星就演化成了红巨星。我们的太阳正处在主序星时期，大约50亿年后，太阳将会成为一颗红巨星。那时太阳将会变大为现在的100倍，地球也可能会被太阳吞噬。

恒星在演化成红巨星后，在内部强烈反应的冲击下，外壳膨胀得很大，最后直接脱离红巨星飞出去，成为行星状星云。行星状星云继续膨胀，最终被完全吹散，只剩下核心的白矮星。白矮星失去了能量来源，逐渐暗淡并消失。前面我们讲到的天狼星B就是一颗白矮星，它相比天狼星A要暗淡很多。

质量较大的恒星在主序阶段结束后也会膨胀，不过它比小质量恒星形成的红巨星更红、更亮，所以叫红超巨星。很多天文学家认为红超巨星也很不稳定，随着它体内的重元素[①]越来越多，逐渐形成一个铁芯，铁芯以极快的速度向内坍缩，就产生了宇宙中的耀眼奇观——恒星爆炸成

①核子数超过20个的元素称为重元素。

超新星。在超新星爆发后，原来恒星的外层物质被抛到周围的宇宙空间中，成为弥散的气体星云；而坍缩并存活下来的恒星核则会变成致密天体——中子星或是黑洞。

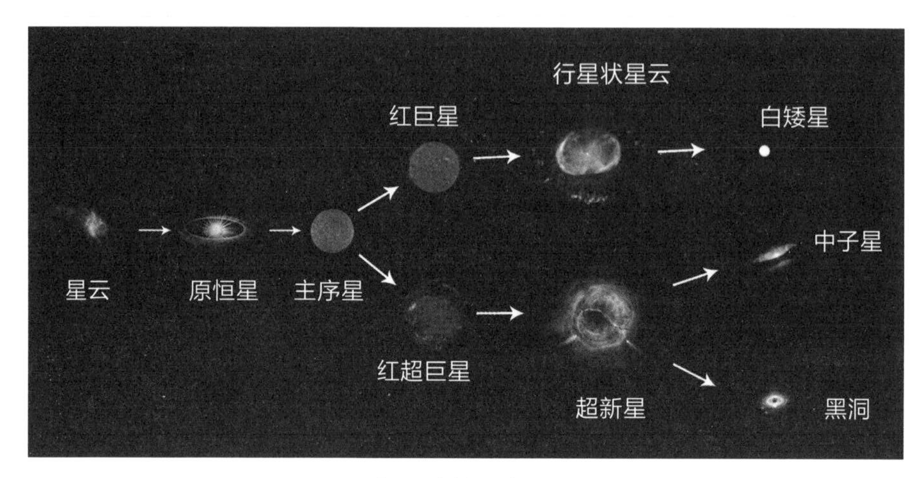

恒星演化示意图

趣味知识

大质量的恒星在超新星爆发后会形成吞噬一切的黑洞。为什么说它吞噬一切呢？因为它连光都可以吞没，所以我们是看不见黑洞的。但如果黑洞周围有恒星照亮的话，我们就会看到黑洞吞噬物质的情形，这样便能证明黑洞的存在。

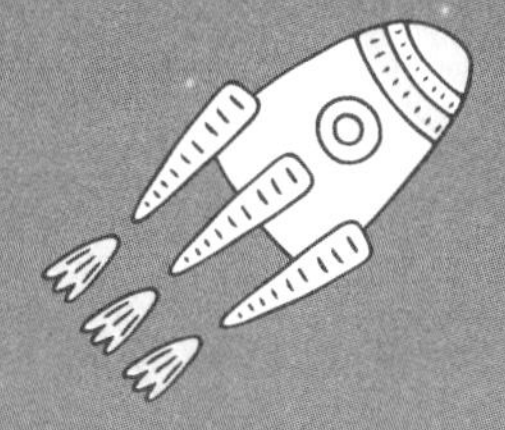

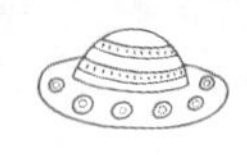

第四部分　河外星系与宇宙

探访银河系的邻居们

在银河系待久了确实有点无聊，应该去外面的世界看一看。先去麦哲伦家，哦不，是麦哲伦云家，然后再去仙女星系看看有没有仙女，或者半路上还能目睹一场精彩的星系大碰撞。怎么样，准备好出发了吗?

航海家麦哲伦与麦哲伦云

课前阅读

1519年9月，麦哲伦在西班牙国王的支持下率领一支200多人的船队开始了人类历史上的第一次环球航行。当麦哲伦带领船队沿巴西海岸南下时，每天晚上他抬头就能看到头顶附近有两个面积很大的、十分明亮的云雾状天体。麦哲伦注意到这两个非同一般的天体，就把它们详细地记录在了自己的航海日记中。不过，麦哲伦不知道的是，这两个天体并不属于银河系。

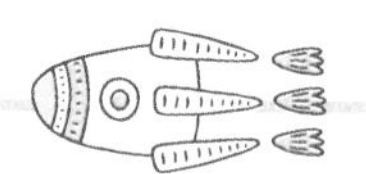

星星博士课堂

晴朗的夜晚，不借助任何观测工具我们就能看到好多云雾状天体。在南半球的任何人，不管是常住居民还是到南半球旅行的人，只要一抬头就能看见两个又大又亮的星云。这两个星云是用人名命名的，它们就是大麦哲伦云和小麦哲伦云。

大小麦哲伦星云是银河系最近的邻居。其中大麦哲伦云是离我们最近的星系。除了大麦哲伦云以外，只有人马矮星系和大犬矮星系离我们较近一些。

那么问题来了，明明是银河系外的星系，为什么还叫麦哲伦云呢？原来在古老的年代里，星云、星团和星系的概念区分一直不明了。后来虽然区分清了，但是因为习惯问题，人们还是会把当初被误认作星云的星系称为星云。因为习惯，所以麦哲伦星系被称为麦哲伦云。

小麦哲伦云（左下）和大麦哲伦云（右上）

麦哲伦云可以说是银河系的“小表弟”，首先，它里面包含的恒星和气体云与银河系里的差不多。其次，银河系像一个巨大的引力场，吸引着麦哲伦云围绕着它转。不过好歹人家是一个庞大的伴星系，所以每十多亿年才绕银河系运动一周。

大麦哲伦云的质量相对大一些，但也仅仅是银河系的二十分之一；而小麦哲伦云就更小了，只有大麦哲伦云的四分之一。正是由于体积小，所以它才会被银河系欺负——小麦哲伦云在银河系的拉扯下被撕裂，拉成了花生状。

趣味知识

麦哲伦云在围绕银河系转动时会被不断拉扯，像在上演一场吞噬大战。现在小麦哲伦云已经支持不住被撕裂，最终它的恒星会成为银河系的一部分；而大麦哲伦云也逃脱不了被吞噬的命运。这样看来，麦哲伦云就像是银河系的食物。

仙女星系：改变了人类对星系的认知

课前阅读

1920年4月的一天，美国华盛顿的一家自然史博物馆里正在进行一场激烈的辩论。辩论双方是天文学领域具有影响力的人物——哈罗·沙普利和希伯·柯蒂斯。辩论内容是仙女座星云究竟是否属于银河系。沙普利认为属于，而柯蒂斯认为仙女座星云是一个独立的星系。那么，这场世纪大辩论究竟是谁胜利了呢？

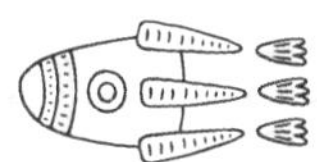

星星博士课堂

还记得天文学家梅西耶吗？他在观测彗星时偶然发现了模糊的云雾状天体——星云。随着人们对银河系认识的深入，天文学家越发对星云感兴趣，由此展开了对“星云的实质是什么”“是否位于银河系内”等问题的讨论。于是，引发了天文学史上著名的沙普利—柯蒂斯辩论。

不过，在这场争论中，他们谁也不服谁，各自的支持者也不能说服彼此。直到几年以后，美国天文学家爱德文·哈勃用当时世界上最大的天文望远镜对仙女座大星云进行了观测和计算，才为这场辩论画上了圆满的句号。

仙女星系是和银河系一样的恒星系统。它距离我们250万光年，是肉眼能看见的最远的天体。

目前我们已经知道，仙女星系是本星系群①最大的星系，它的宽度是银河系的一半，拥有4 000颗恒星。它和银河系一样也有自己的伴星——M32和NGC 205。

仙女星系和它的伴星系

①本星系群是指银河系和相邻仙女星系、麦哲伦星云、三角星系等组成的一个小规模集团。

如果从远处看的话，仙女星系和银河系非常像，因为它也是旋涡星系，而且是最大的旋涡星系之一。除了旋涡星系，本星系群中还有椭圆星系、不规则星系等。

椭圆星系看上去有些发红，没有旋臂或盘，也不能诞生恒星。椭圆星系是恒星的养老院，分布在其中的大多是一些快要走向生命终点的老年恒星。仙女星系的伴星NGC 205就是一个椭圆星系。不规则星系指的是那些非常小且形态不规则的星系。至于不规则星系是什么样子，看麦哲伦云就知道了。不规则星系NGC 6822，1923年，人们测量出了它和仙女星系的距离。这就说明，在银河系更远的地方还存在着独立的星系。至于银河系外还有多少星系，这恐怕是一个未知之谜了。

趣味知识

有天文学家曾预言下一个威胁我们生存的宇宙大事件是仙女星系和银河系相撞！不过不必担心，因为仙女星系移动的速度很缓慢，如果相撞起码要等到几十亿年以后，到那时说不定人类已经找到新的家园了。

砰砰砰！星系在碰撞

课前阅读

你遇到过红绿灯坏了的情景吗？即使红绿灯坏了，司机仍然会遵守交通规则，听从交警的指挥。可是星空中却没有人规划线路，也没有人告诉那些庞大的星系要彼此躲着点，结果就难免造成星系碰撞的惨烈局面。你能想象两个含有上千亿颗恒星的星系碰撞在一起是什么样子吗？

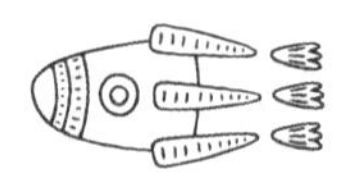

星星博士课堂

在搞清楚这个问题之前，我们得继续了解一下星系分类，这样当星系碰撞之后我们才能为新诞生的星系归类。天文学家按照星系的大小、质量和亮度等将星系大致分为旋涡星系、椭圆星系、不规则星系、棒旋星系和透镜星系等。

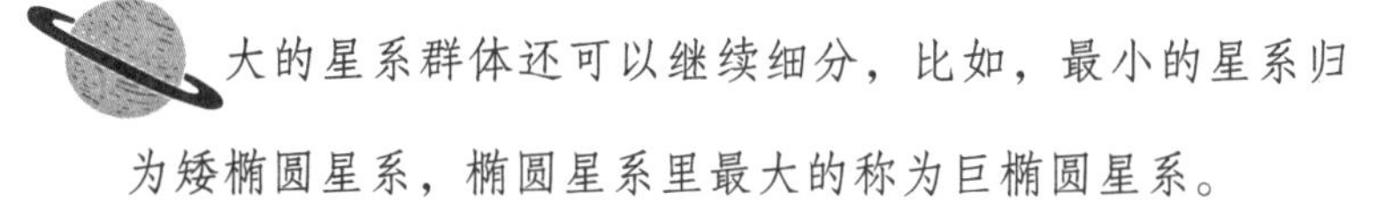

大的星系群体还可以继续细分，比如，最小的星系归为矮椭圆星系，椭圆星系里最大的称为巨椭圆星系。

上一节我们已经认识了旋涡星系、椭圆星系和不规则星系，现在我们来看棒旋星系。有一些旋涡星系被分开归为棒旋星系，这是因为它们有穿过中心向两侧延伸的直棒形物质，看起来就像是一个车轱辘上穿了一个车轴一样。不过这个棒形物并没有车轴结实，它由运动着的恒星构成。透镜星系是介于椭圆星系和旋涡星系之间的星系。这类星系有核球，也有盘，但是没有旋臂。

现在我们来揭秘星系碰撞的结果：首先，两个实力相近的对手，即两个体积差不多的星系碰撞时往往会两败俱伤——互相损兵折将后合并成一个更大的星系。

两个差不多的星系在碰撞之后可能会改变原来的面貌。比如，两个旋涡星系在相撞后很可能气体圆盘都没有了，最终形成一个不具气体物质的椭圆星系。

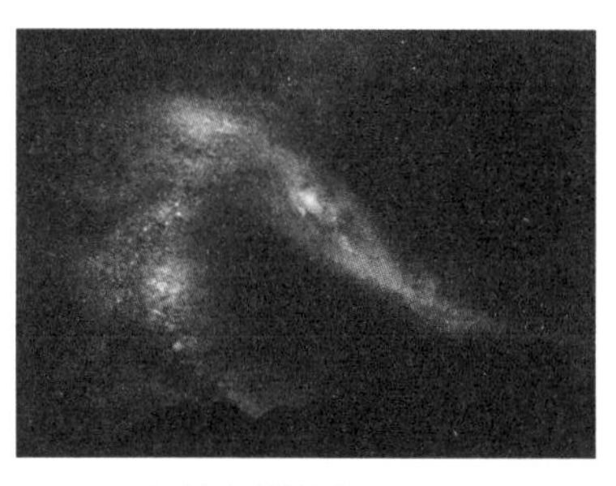

天文学家模拟银河系和仙女星系相撞的情景

如果是以大欺小，即大星系碰上了小星系，那么前者基本上能毫发无损，而后者则被撕裂，成为前者的组成部分。

当然，一些小星系也不甘示弱，它们在与大星系的殊死搏斗中撞掉大星系的一些部分，于是就产生了棒旋星系、不规则星系。

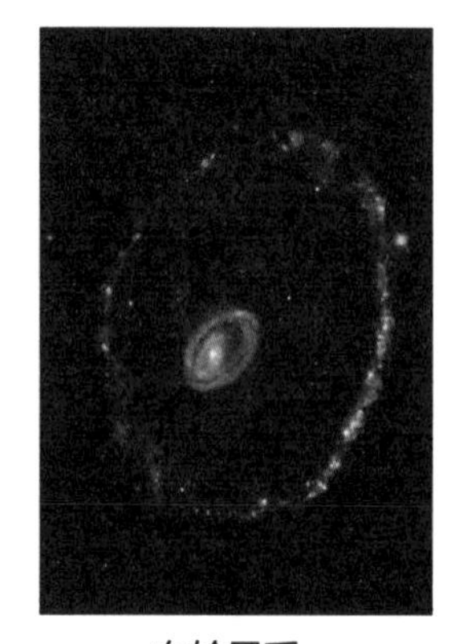

车轮星系

也有一些实力强横的小星系以极高的速度直接穿越大星系的中心，从而引发大星系的一系列变化，形成新星系。车轮星系就是这样形成的。

不过，在这个过程中小星系要十分小心，否则很可能被大星系吞并。大约3亿年前，一个小星系不小心撞到了一个大的旋涡星系的边缘，结果小星系还没跑多远就被旋涡星系拉了回来。有的小星系根本来不及跑，直接就被旋涡星系的旋臂拦截，这种另类的碰撞方式很有可能产生涡状星系。

趣味知识

星系之间的碰撞和星球之间的碰撞是不一样的，如果是两个星球实打实地碰撞就会造成巨大的爆炸；而星系之间的碰撞不一定会那么激烈。这是因为星系里恒星的间距一般都很大，所以星系碰撞时，恒星却不一定会相撞，除非运气很不好。

“群居”的星系团

课前阅读

我们知道狼是群居动物，如果你有幸一睹狼群的风采，就会看到十几只狼出来围猎。在一些地广人稀的地区，甚至会有好几十只狼出来活动，这样能增加它们的战斗力。就像狼群一样，星空中的星系也是群居的。那么，它们的群居方式有什么特殊之处呢？

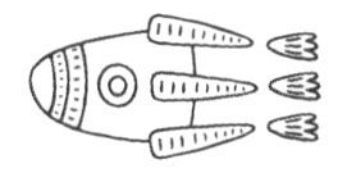

星星博士课堂

庞大的星系看似孤独，其实它们是群居的。有些成双成对，有些则是成百上千个星系抱成团。我们把少量星系组合成的团体称为星系团。

有时候也把数目不超过100个的星系团称为星系群。本星系群就是一个至少包含了50个星系的星系群。

银河系是本星系群的一个成员，而且银河系算是本星系群中的明星星系，它又大又亮，完全不是其他30多个小而暗的星系可以比拟的。

一部分室女星系团的光成像

较小的星系群经过合并就成了星系团。星系团虽然是一个大家庭，但是里面并不和平，许多星系团的中心都有一个巨无霸——巨椭圆星系，它是通过吞噬其他星系而变大的。有的星系团形状很规整，看起来像是一个巨大的球体，主要包含椭圆星系。有的星系团则不规整，里面既有巨椭圆星系，又有旋涡星系。比如，距离我们最近的室女星系团就是一个复杂的星系团，它里面既有少部分椭圆星系，又有大量的旋涡星系。

星系团的内部不是一团和气，而是充满了温度高达1亿摄氏度的热气体。它们虽然是气体，但并不轻，甚至比星系团中所有的星系加起来的质量还要大，这实在是令人费解。

星系团已经够大了，可是竟然还有比星系团更大的存在，它就是超星系团。超星系团是由星系团聚合形成的超级团体，它比星系团更加复杂。本星系群所在的叫本超星系团，大约由11个主要星系团组成。其中室女星系团在它的中心位置，而本星系群只是它的一个边缘小部落而已。

趣味知识

最开始人类以为地球是宇宙的中心，后来发现地球只不过是银河系的一颗小行星。接着，人们又觉得银河系是宇宙的中心，然而当人们把眼光放到银河系之外时，又发现了本超星系团。那么，本超星系团就是宇宙的中心了吗？恐怕宇宙之大，这是一个永远没有答案的问题。

暴躁的活动星系

课前阅读

在著名的沙普利—柯蒂斯辩论后，天文学家终于认识到银河系之外还有更广阔的天地。不过直到20世纪中期，天文学家还是认为，除了难得一见的超新星爆发外，星系还是相对安静的（当时人们还没认识到星系之间会碰撞）。后来随着射电天文学的发展，天文学家发现一小部分星系并没有我们认为的那么安静。那么，这些星系究竟隐藏着怎样的秘密呢？

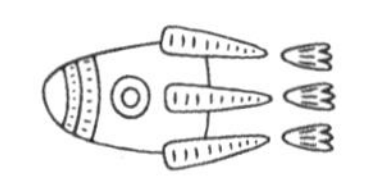

星星博士课堂

银河系是一个非常安静的星系，它在那里自顾自地安静旋转着。所以每天当太阳落山后，夜空是静谧的。就目前我们的认知来看，星空中的大多数星系都是这样的。唯独有那么一小部分星系非常特殊：从远处看，它们的两侧会释放出射电喷流；从近处看，它们各自的中心都有一个超大质量的黑洞，产生的能量可以达到太阳的数万亿倍！这便是星系里的活跃分子——活动星系。

活动星系是指那些有猛烈活动现象或剧烈物理过程的星系。其中包括塞弗特星系、射电星系、类星体和耀变体。

1943年，美国天文学家卡尔·赛弗特在观测星空时发现了一类内核非常漂亮的旋涡星系，于是活动星系的第一个成员——塞弗特星系产生了。所有的大型旋涡星系都有可能演变为塞弗特星系，包括银河系。

3年后，英国物理学家斯坦利·海伊在天鹅座中发现了一个强射电源。又过了几年，德国的天文学家也发现了类似的星系。这类星系的中心会喷发出一个或是两个长达数千光年的喷流，而且它发出的射电辐射非常强烈，所以被称为射电星系。

射电星系

20世纪60年代，天文学家在茫茫星海中发现了一种奇特的天体。从照片来看像恒星又不是恒星，像星云又不是星云。后来天文学家把它称为类星体。类星体是宇宙中最大的天体，但因为太过遥远，所以看起来像微弱的恒星一样。

耀变体看上去和类星体差不多，不过它的亮度变化十分迅速，之前还是暗淡无光，过一会儿就会变得非常明亮；而且它总是把喷流对着我们，所以我们顺着喷流能直接看到黑洞周围的吸积盘释放出的光和其他辐射。

趣味知识

在黑洞和外面的吸积盘之外有富含尘埃的气体云。如果从侧面看，是看不到活动星系里的黑洞的；而当我们从上空俯瞰时，就会发现它很像一个巨大的甜甜圈。

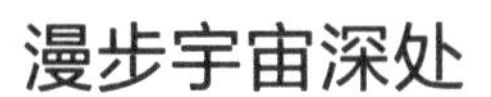

漫步宇宙深处

每一个古老的文明中都有关于宇宙或是天地的传说。我国古代有盘古开天辟地的传说，西方有上帝创造宇宙万物的伟绩，而古印度则认为宇宙是四只大象驮着大地，站在巨大的龟背上……那么宇宙究竟是什么样子？宇宙深处真的很恐怖吗？

宇宙是个胖老头

课前阅读

关于宇宙究竟是什么样子，简直是众说纷纭。我国古代浑天说认为天地的形状像一个鸡蛋，古巴比伦人认为天地是拱形的，而古埃及人直接把宇宙想象成一个大盒子。其实最确切的说法是：宇宙是一个胖老头！

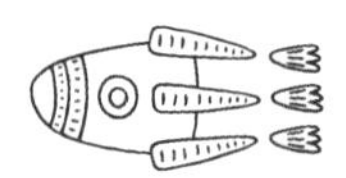

星星博士课堂

如果有人问你一棵树的年龄有多大，你一定会想到去看它的年轮。但如果有人问你宇宙的年龄有多大，你可能就束手无策了。因为我们根本不可能把宇宙砍出一个能够观察的横截面来。那么，科学家是怎么测定宇宙的年龄的呢？

大概在20世纪的时候，科学家在地球的岩石中发现了放射性元素。这种放射性元素在释放粒子、射线和能量的同时生命会不断消耗，即

“衰变”。科学家通过测试地球上最古老的岩石的衰变时间，确定了地球的大致年龄——46亿岁。可是如何在宇宙中找到最古老的岩石呢？

地球与星空

这里我们不得不提到一个功臣——白矮星。我们知道白矮星是小质量的恒星最终演化到晚年期的星星，这个时候白矮星的年龄大约有上百亿年。如果我们能找到最古老的白矮星，就能估算出宇宙的年龄。目前我们找到了超过130亿年历史的白矮星，所以宇宙的年龄至少有130亿岁。如此看来，宇宙真是一个超级老的老头。

那为什么说宇宙胖呢？因为宇宙太大了，我们只能用光年丈量它的“身材”。

光年是长度单位，用来计量光在宇宙真空中沿直线传播一年时间所经过的距离。光速取整数为30万千米每秒，一光年则为9.46×10^{12}千米。

广袤的宇宙星空

经过计算，银河系的直径大约是10万光年，而离我们最近的室女星系团有5 000万光年之遥。然而，比它更远的还有7 000万光年的天炉星系团、14 000万光年的半人马星系团……就这样，我们还是没找到宇宙的边缘，至于宇宙有多大，恐怕很难用数据描述出来了。

其次，宇宙还可能得了肥胖症——宇宙正在不断地膨胀！天文学家是如何发现的呢？1917年，美国天文学家维斯托·斯里弗测定了25个星系的速度，并表示它们正在离我们远去。后来爱德文·哈勃（结束沙普利—柯蒂斯辩论的那位天文学家）计算出了宇宙膨胀的速率（哈勃常数）。宇宙膨胀说就是这样形成的。在之后的几十年中，天文学家不断刷新哈勃常数。至于宇宙会不会膨胀到爆炸，就不得而知了。

趣味知识

虽然宇宙整体看起来像是一个得了肥胖症的老头，但并不是宇宙内所有的物质都在膨胀。我们的太阳系、银河系都没有变大。我们知道星系团之间存在着引力，只有当它们的距离非常大时才能克服彼此的引力而膨胀。

一场惊世骇俗的大爆炸

课前阅读

每一个古老的文明中都有有关宇宙或是天地的传说。我国古代有盘古开天辟地的传说，西方有上帝创造宇宙万物的伟绩，而古印度则认为宇宙是四只上大象驮着大地，站在巨大的龟背……其实最科学的说法是：宇宙是由一场惊世骇俗的大爆炸形成的！

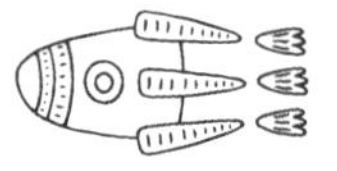

星星博士课堂

上一节我们讲到，爱德文·哈勃计算出了哈勃常数，其实他还总结出了一个具有里程碑意义的结论：不少星系正急速地离我们远去，也就是说宇宙在不断膨胀。按照宇宙的年龄来算，宇宙已经膨胀了大约137亿年。在此之间，宇宙中的星体是更加靠近的，甚至刚好在同一个地方。

哈勃的发现不仅使宇宙膨胀说开始流行起来，还引发了天文学家的无限猜测和想象——宇宙究竟是怎么产生的呢？这个问题终于在1948年有了答案。当时的物理学家乔治·伽莫夫提出了新的原始原子理论[①]——宇宙大爆炸。

宇宙大爆炸是现代宇宙学中最有影响力的一种学说，即认为宇宙是由一个致密炽热的奇点于137亿年前一次大爆炸后膨胀形成的。

大约在137亿年前（或许更早），有一个比原子还小的密度大到极致的热球。这个热球里包含着现在宇宙中所有物质的材料。因为量子波动，突然有一天这颗小球爆炸了；不过天文学家认为这场大爆炸规模并不大。但是过了一段时间，宇宙以惊人的速度膨胀开来，在几分之一秒内突然猛增到比一个星系还要大；而且膨胀释放出了巨大的能量，创造出了控制宇宙的四种基本作用力——电磁力、弱力、强力和引力。

宇宙瞬间膨胀不知道多少倍后，其内部的高温开始慢慢降下来。随后出现了最初的三个原子：氢、氦和锂，而到目前为止才用了三分钟的时间！我们周围所有物质的原材料都是由三个原子构成的，于是各种各样的物质开始慢慢出现了。

---

① 1931 年乔治勒梅特曾提出过宇宙始于一个“原始原子”的爆炸理论，即原始原子理论。

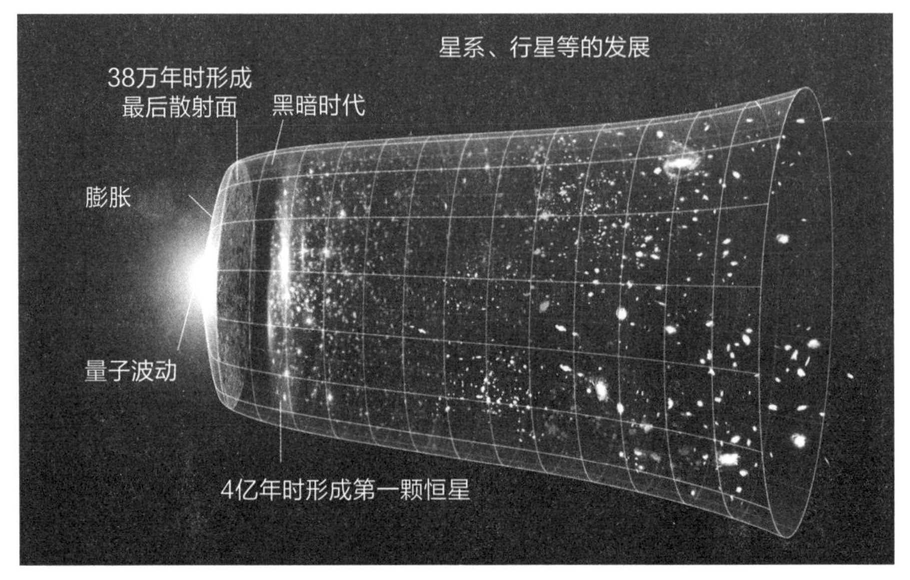

宇宙的演化

宇宙经过三分钟的狂躁后渐渐平静了下来，在之后的25万年间，宇宙的成分保持不变，但是随着宇宙膨胀会被稀释。早期的宇宙充满了能量辐射，光不能沿直线传播，仿佛被圈在一个笼子里一样到处乱撞，导致宇宙一片混沌。就这样大约到38万年的时候，宇宙中形成了巨大的“最后散射面”，为宇宙提供了宇宙微波背景辐射①，宇宙开始由混沌变得清晰。

宇宙在大爆炸之后的一段时间是黑暗的，发光的第一代恒星还没有形成，这段时间被称为黑暗时代。直到大约4亿年后，第一代恒星终

---

①宇宙微波背景辐射是宇宙中最古老的光。宇宙形成之初，致密物质像笼子一样禁锢了所有辐射，后来在“最后散射面”形成后才得以挣脱束缚。“最后射散面”是宇宙从混沌变得清晰的分界线。

于诞生了！随后恒星越来越多，后来星系出现了，再后来就是现在的宇宙了。

趣味知识

你知道吗？我们刚才讲的内容大多来自史蒂文·温伯格的作品，他不仅是一位获得了诺贝尔奖的物理学家，还是一位善于讲故事的能手。由他撰写的《宇宙最初三分钟》是第一部被公众广为阅读的大爆炸理论读物。

看不见的物质——暗物质

课前阅读

怎样才能知道口袋里有几颗糖呢？其中一种方法就是用秤称一称，然后估计出糖的数量。瑞士天文学家弗里兹·扎维奇就是通过这个方法来估计星系团的质量的。不过在这个过程中他发现了一个非常不可思议的现象：根据发光物质“数”出来的星系团的质量远远小于根据星系运动“称”出来的质量。这说明星系团里有大部分物质可能是不发光的，甚至是我们看不到的。

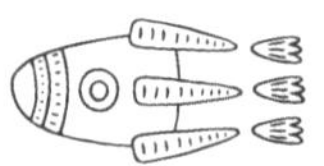

星星博士课堂

人类自出生以来就对身边的物质世界产生了浓厚的兴趣，不断建立物理模型去探究这个世界。于是，我们走出地球来到了外太空。然后我们发现地球也不是太阳系的中心，就开始进一步探索银河系，探索周边的星系……即使这样，人类观测到的宇宙物质也仅为宇宙物质总量的5%。在包罗万象的宇宙中还存在着一种我们看不见的物质——暗物质。

暗物质，是通过天文观测推断出来的、可能存在于宇宙中的一种不可见物质。

暗物质纤维状结和星系

既然暗物质是看不见的，那么怎么证明它的存在呢？暗物质虽然不发光，但是它们的引力会对恒星、星系和光线产生影响。

举一个引力的例子。一个旋涡星系以200千米每秒的速度快速自转。如果没有暗物质的引力，这个星系很可能会崩溃瓦解，然后被甩到太空中。

再举一个有关光线的例子。坐落在30亿光年之外的星系团Abell 2218像一个透镜，会用自身的引力把更遥远的星系的光汇聚起来；而产生这

“悟空号”暗物质粒子探测卫星

种巨大的引力光靠星系自身是远远不够的，因此一定存在着某种看不见的物质来实现这种透镜效果。

这两个例子中我们都讲到暗物质的引力，那么这些暗物质是否和宇宙的形成有关呢？天文学家注意到了这个问题，目前他们认为正是由于暗物质的存在才促进了宇宙结构的形成。换句话说，如果宇宙中没有暗物质，可能就没有银河系，没有太阳系，也不会有人类。

既然暗物质是存在的，那么该如何寻找暗物质呢？目前主要有三种办法：第一种是直接通过高能粒子对撞把暗物质造出来，可是至今没有实现；第二种是在地下安装探测器，但是也没有什么效果；第三种是去太空探测，我国有一颗叫作“悟空号”[①]的暗物质粒子探测卫星，它的任务就是寻找太空中暗物质的存在，可是目前仍然没找到暗物质的身影。所以暗物质到底是什么样子，目前来说仍然是一个谜。

① “悟空号”暗物质粒子探测卫星，是目前世界上观测能段范围最宽、能量分辨率最优的暗物质粒子探测卫星。

趣味知识

你知道吗？按照人体平均尺寸计算，暗物质每天大约和人体碰撞30多次，而一年大概会被碰撞10万次。被这么多暗物质碰撞，我们的身体会不会受到伤害呢？到目前为止，人们还没发现暗物质会对人的身体造成伤害，所以完全没必要担心。

不小心掉进黑洞会怎样

课前阅读

在日本动漫中我们经常能见到有遁地和隐身技能的忍者。这些忍者并不是真的能隐身，而只不过是障眼法。黑洞也有类似的技能，能把自己隐藏起来，但是细心的人类还是在茫茫宇宙中发现了它。黑洞像一个有着巨大吞噬力的无底洞一样，而人类如果一不小心掉进去……

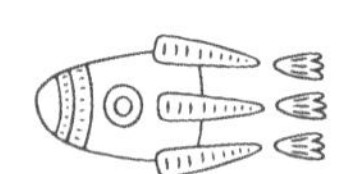

星星博士课堂

1961年，德国天文学家卡尔·史瓦西在研究爱因斯坦的相对论时提出了一个想法：如果将大量物质集中于空间一点，那么它的周围就会产生一个界面——“视界”，一旦进入其中，就连光也无法逃脱。后来，美国天体物理学家约翰·惠勒把这种不可思议的天体命名为“黑洞”。

黑洞是宇宙中最奇特的天体，它的引力很大，以至于光都无法从中逃出。

人们很容易把黑洞想象成一个大黑窟窿。其实黑洞并不黑，因为我们根本看不见它。之所以把它叫作黑洞，是因为它像宇宙中的一个无底洞一样，任何物质一旦掉进去似乎都不能再出来。

恐怖的黑洞

还记得前面讲到的恒星的演化过程吗？跟白矮星和中子星一样，黑洞很可能也是由恒星演化而来的。在超新星爆发时，恒星的内核通常会坍缩成中子星。但前提是内核的重量不能超过太阳的 3 倍，如果超过了这个值，内核就会进一步坍缩成黑洞。

那么，为什么我们看不见黑洞却能证明它的存在呢？原来黑洞像暗物质一样，发挥了引力透镜的作用。

来自遥远星系的光线在路过黑洞时发生了扭曲，变成“弧形”，甚至变成圆环形。

黑洞是一个贪吃的家伙，它从来不放过送到嘴边的任何食物，但也因为这样暴露了自己。黑洞在吞噬物质时，被它撕裂的物质会在视界外围形成一个旋转的气体吸积盘，吸积盘中的气体一边向黑洞倾泻而下，一边产生巨大的热量（最热处高达1亿℃）并释放出X射线。当这种X射线被天文学家捕捉到时，黑洞就这样暴露了自己。

黑洞可以称得上是一切物质的噩梦，有些黑洞的质量能达到太阳的数百万甚至数十亿倍，可想而知那里的引力多么强烈。即使是一般的引力，也会使空间和时间发生扭曲。还会发生一些离奇的现象，如有趣的“意大利面化”。如果宇航员在宇宙探险时不小心被黑洞捕捉到，宇航员最先接触黑洞的部分就会被拉长，如脚。等到整个身体都接近黑洞时，就会被拉成管状，而且在引力作用下整个身体会发生各种奇怪的扭曲。至于最后宇航员会落到哪里，也许是宇宙的另一部分，也许是另一个宇宙。

趣味知识

你知道吗？除了黑洞，部分天文学家认为还存在与黑洞相反的特殊天体——白洞。与黑洞的坍缩不同，具有封闭边界的白洞内部的物质都是向外运动的。也就是说，白洞只向外部贡献自己的物质和能量，而丝毫不向周围的环境或物质索取。

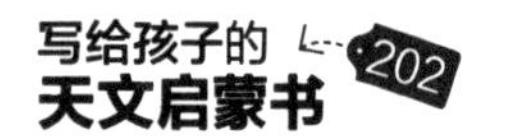

虫洞真的能穿越时空吗

课前阅读

1953年，一架飞机在飞越百慕大三角洲时突然失踪，人们百般寻找，就是没有发现飞机的残骸。等到几十年后，人们将这件事渐渐忘却后，突然失踪的飞机又飞回来了。让人惊奇的是，飞行员根本不知道发生了什么……类似这样的故事你一定听过不少，不管是真是假，它们都和一个词有关，那就是“虫洞”。

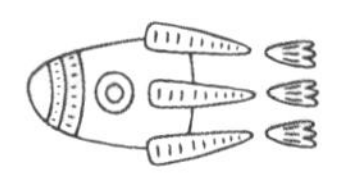

星星博士课堂

我们目前对于黑洞的认识是只能进不能出，而白洞则是只能出不能进。那么有没有存在双向通道的可能呢？在20世纪10年代，奥地利物理学家路德维希·弗莱姆提出了“虫洞”的概念。后

虫洞

来经过著名科学家爱因斯坦与纳森·罗森的完善，就形成了虫洞的假设理论。

虫洞也叫时空洞，又称爱因斯坦-罗森桥。简单来说，虫洞就是连接宇宙遥远区域间的时空细管。

虫洞是怎么形成的呢？有一种说法是黑洞和白洞发生碰撞时会在极短的时间内制造出一条狭窄的隧道，即虫洞。根据虫洞理论，如果能建造一个稳定的虫洞，就可以利用它进行瞬间的空间转移或时间旅行。

有科学家做过这样的设想：虫洞是两端都可以进出的双向通道。其次，飞船或是人通过虫洞需要足够长的时间，然而在强力的作用下，虫洞可能瞬间产生、瞬间关闭。这该怎么办呢？只要人们寻找到一种反引力物质，用它来支撑虫洞，延长虫洞的开启时间就可以实现。

如果真的存在虫洞或是人类能建造一个人造虫洞，那将会是一件很神奇的事。人类可以通过虫洞进行遥远的星空旅行。比如，你要去一个遥远的星系，你早上9点站在虫洞的一端（入口），进入虫洞后就没有了时间概念，等你出来时仍然是早上9点。当然，虫洞也可能是时光机器，人们可以利用虫洞回到过去弥补遗憾或是到未来提前预知未来。

趣味知识

关于虫洞的设想有很多。比如，有人认为虫洞不是宇宙隧道，而是存在于两个十分遥远的恒星之间的一种完整的流体，这种流体可以在两个恒星之间来回流动，利用这些虫洞，我们能够在各个恒星之间旅行。

寻找外星人的足迹

你看过《ET》吗？即使没有看过，也一定看过《变形金刚》吧？或者你只是看过《长江七号》。也许你会说这些只不过是科幻电影罢了，如果外星人真的存在，早就引起星球大战了。不过，著名物理学家霍金曾表示："外星人的存在合乎逻辑。"这句话是什么意思？难道真的存在外星人？

不明飞行物——UFO

课前阅读

1878年，美国得克萨斯州一个叫约翰·马丁的人声称在天空中看到了一个快速飞行的圆形物体。当时采访的记者为了吸引大众用了一个词——飞碟。没想到这篇报道莫名火了，一时间各大媒体纷纷报道有关“飞碟”的事件。之后陆续出现的飞碟事件更是激起了人们对飞碟的好奇。那么，飞碟真的存在吗？

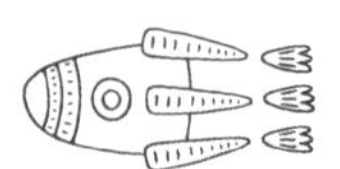

星星博士课堂

爱因斯坦说：“对我们来说，最美妙的事情莫过于神秘，因为神秘而引起人类好奇，而艺术、科学皆是起源于此。”飞碟就是这样，与飞碟相关度极高的一个词叫“UFO”，甚至不少人以为“UFO就是飞碟，飞碟就是UFO”。就连一些媒体在报道时也将这两个词混用，事实上这是一种非常严重的误解。

任何一个身份尚未被识别、来源尚未明确的空中飞行物体都被称为UFO，而飞碟只是外星智慧生物的飞行器或是其本身。

UFO是一个很大的概念，通常分为四类：第一类是地球上的自然现象；第二类是地球外的自然现象，例如流星、极光等；第三类是地球上已知的非自然现象，如飞机、人造卫星、火箭、孔明灯等；第四类是明显具有智能飞行能力的非地球人所制造的飞行器，如飞碟。

人们假想的飞碟

目前全世界大约有三分之一的国家都在开展对UFO的研究，而且各个方面的有关专家都在参与这项工作，包括天文学家、生物学家、物理学家、历史学家、心理学家等。关于UFO的各种报道和出版物更是层出不穷。可直到今天，人们还是没有找到确凿的证据证明真的有外星生命来过地球。

趣味知识

你知道吗？UFO这个词和美国空军“蓝皮书计划”的负责人爱德华·鲁佩尔特上尉有关。当时，“飞碟”这个词使用不严谨且暗示性非常强，爱德华上校就发明了“UFO”这个词，意思是告诉人们：不要一看见奇怪的现象就以为是飞碟。

悬而未决的外星人之谜

课前阅读

1947年7月，美国新墨西哥州的一家媒体刊登了一则耸人听闻的消息："空军在罗斯维尔地区发现了坠落的飞碟。"这条消息像重磅炸弹一样在传媒界引起了轩然大波，甚至一些报纸和期刊还把飞碟和外星人联系在了一起。人们从四面八方赶来想一睹外星人的风采。那么，真的有外星人吗？

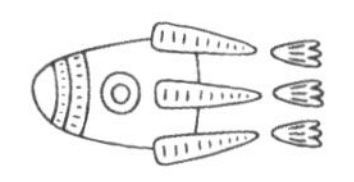

星星博士课堂

著名哲学家柏拉图曾提到有关亚特兰蒂斯的传说。他说在直布罗陀海峡附近的大西洋岛上有一个高度文明的城邦——亚特兰蒂斯，可是因为史前大洪水被毁灭了。人们猜测这座高度文明的城市很可能是外星人在地球上的基地。

外星人也叫宇宙人，是人类对假想中的地球以外类人生命的统称。以外星人为题材的作品有很多，如《ET》《三体》《疯狂时代》等。

1722年，荷兰西印度公司的一支探险队登上了一座小岛，因为当天正是复活节，所以该岛被命名为复活岛。令人们不可思议的是，岛上矗立着许多巨大的石像，这些石像长相十分古怪：眼窝深、高鼻子；下巴突出、耳朵长；双臂垂在身躯两旁，双手放在肚皮上；只有半个身子，没有脚。所有石像都望着大海的方向，仿佛那里有什么令它们敬畏的东西……有人猜测这些石像可能出自外星人之手。

复活岛上的巨大石像

2009年，英国牛津郡出现了一个巨型麦田怪圈，从高空俯瞰，就像一只巨型大水母！早在17世纪的英国，人们就发现了麦田怪圈，但是当时的人们不知道这是怎么回事。后来这种怪圈开始出现在世界各地的农田里。据说，很多出现麦田怪圈的地方还会出现飞碟。因此，有人猜测麦田怪圈是外星人在和地球人进行交流。

尼罗河下游高高耸立的金字塔和狮身人面像、耸人听闻的百慕大三角、神秘的 51 区……难道这些都和外星人有关吗？

狮身人面像和金字塔

关于外星文明的种种，天文学家早在1964年的时候就已经开始思考了。苏联物理学家卡尔达舍夫提出了一个观点，他认为宇宙中可能存在各种水平的文明，而且他还为其分了类：Ⅰ型文明、Ⅱ型文明和Ⅲ型文明。

Ⅰ型文明，指的是能够驾驭所有行星上的能量。Ⅱ型文明，指的是

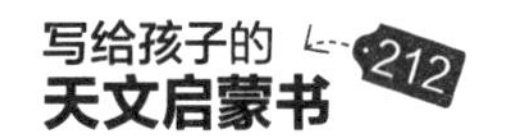

能够驾驭恒星系统内的所有能量。Ⅲ型文明，指的是能够驾驭星系内所有恒星的能量。

根据这个标准，目前的地球文明数值大致为0.7型，因为人类还未能充分利用地球上的资源。

等我们能够掌握太阳系的能量之后，才会进入Ⅱ型文明。所以如果说我们真的在地球上看到了“外星人”，那么他们的文明水平至少达到了Ⅱ型。不过令人遗憾的是，虽然很多人声称自己见到了外星人造访地球，但是很多其实都是心理作用。到目前为止，仍然没有一个令人们信服的说法能证明外星人存在。

趣味知识

美国天文学家法兰克·德雷克曾在一次天文会议上提出了一个方程式——德雷克方程，用来计算外星文明的数量。对于估算的结果，有的人认为可能存在几亿个外星文明，而有人认为只有几百个。在之后的几十年间，复杂的运算在继续，至于什么时候能找到外星文明，仍然是一个未知数。

致外星人的激光唱片——地球之音

课前阅读

这是一个来自遥远的、小小星球的礼物。它是我们的声音、科学、音乐、思想和感情的缩影。我们正在努力使我们的时代幸存下来，使你们能了解我们生活的情况。我们期望有朝一日解决我们面临的问题，以便加入银河系的文明大家庭。这个“地球之音”是为了在辽阔而令人敬畏的宇宙中寄予我们的希望、决心和对遥远世界的美好祝愿。

——美国总统卡特对外星文明的问候

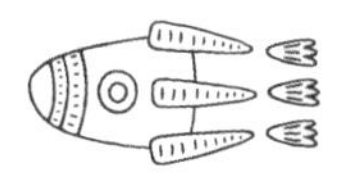

星星博士课堂

20世纪七八十年代，人类航天技术有了重大突破，这为寻求外星文明提供了更多可能。但是限于当时的技术，人类根本不能乘坐宇宙飞船飞向太空深处。为此美国发射了4艘宇宙飞船在茫茫宇宙中寻找人类的“知音”——外星人。

其中“旅行者1号”和“旅行者2号”宇宙飞船都携带了一个特别的

盒子，盒子里是一枚金刚石唱针、一个瓷唱头和一张镀金铜质唱片。这张被称为“地球之音”的唱片是人类送给地外智慧生命的珍贵礼物。

“地球之音”录制了丰富的地球信息：115幅照片和图表，35种各类声音，近60种语言的问候语和27首世界著名的乐曲等。

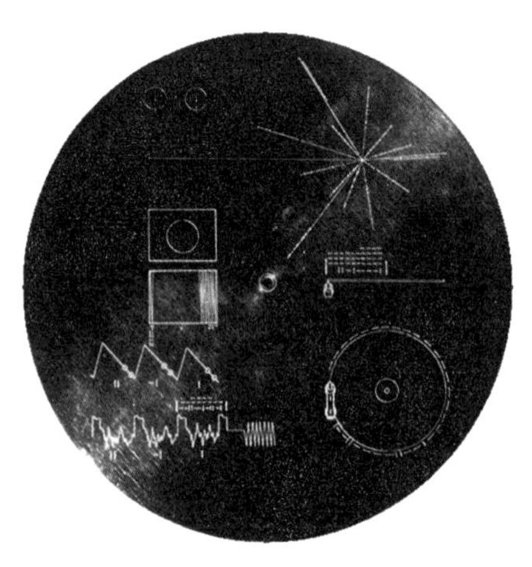

“地球之音”唱片

唱片中录制了人类向外星文明发出的近60种问候语，其中包括现代标准汉语普通话和闽南语、粤语等几种方言。唱片中还有27首世界名曲，如脍炙人口的贝多芬交响曲，以及用古筝演奏的中国古典乐曲《高山流水》。唱片的制作者还别出心裁地录制了地球上的35种声响：风雨雷电声、犬吠声、羊叫声、鸟鸣声，等等。当然，还有最重要的人类之声：呼吸声、脚步声、心跳声、火车声、轮船声等。

除此之外，唱片上还录有很多图片、图表，比如，太阳在银河系中的位置，卫星、火箭、望远镜等仪器设备和各种交通工具的图片，等等。

"旅行者2号"飞越天狼星

这张身负重任的唱片可能会在茫茫宇宙中遨游几十万年、几百万年甚至上亿年。可能你会好奇：这么长时间，唱片要是损坏了怎么办？为了保护唱片中的地球信息不被损坏，科学家在唱片外面包了一层特制的铝套。又因为唱片是在真空的环境中旅行，所以寿命可达10亿年之久。

那么，现在这张唱片在哪里呢？在20世纪90年代，科学家做过估算，"旅行者1号"和"旅行者2号"两艘宇宙飞船已经到了太阳系的边缘，正在飞离太阳系。从现在的飞行方向来看，等到公元4万年时，"旅行者1号"将从猎豹座附近飞过，而"旅行者2号"则将在公元35.8万年时飞越天狼星。到时候如果在这些行星或恒星及其附近空间存在智慧生物的话，这张唱片很有可能被截获。

趣味知识

你知道吗?“旅行者1号”和“旅行者2号”探测器并不是第一批宇宙使者，在此之前已经有“先驱者10号”和“先驱者11号”代表人类送上了对外星人的问候，不过相对“地球之音”的豪华装备来说，这两位使者只带了一块表明地球方位和大致特征的镀金铝板。